高等职业学校"十四五"规划土建类专业立体化新形态教材

建筑施工组织

主 编 丁志胜 薛 艳

副主编 余燕君 徐燕丽 朱 菁 洪 伟

主 审 钟汉华

华中科技大学出版社
http://press.hust.edu.cn
中国·武汉

内 容 简 介

本书共八章，内容包括绪论、建筑工程施工准备工作、施工方案、施工进度计划及资源配置计划的编制、施工现场平面布置、主要施工管理计划的制订、施工组织设计的实施、信息化技术在施工组织中的应用。本书讲述了施工组织的基本原理、方法，将理论与实例相结合，便于作者理解和应用。

本书采用信息技术，将相关知识用二维码插入正文，扩充了教材的容量。

本书结合了建造师相关知识，适合高等职业教育学校师生、建造师考生及工程技术人员使用。

图书在版编目（CIP）数据

建筑施工组织/丁志胜，薛艳主编. —武汉：华中科技大学出版社，2022.12
ISBN 978-7-5680-7899-3

Ⅰ. ① 建… Ⅱ. ① 丁… ② 薛… Ⅲ. ① 建筑工程-施工组织 Ⅳ. ① TU721

中国版本图书馆 CIP 数据核字（2022）第 213442 号

建筑施工组织
Jianzhu Shigong Zuzhi

丁志胜　薛　艳　主编

策划编辑：胡天金
责任编辑：周怡露
封面设计：金　刚
责任校对：张会军
责任监印：朱　玢
出版发行：华中科技大学出版社（中国·武汉）　　　电话：（027）81321913
　　　　　武汉市东湖新技术开发区华工科技园　　　邮编：430223
录　　排：华中科技大学出版社美编室
印　　刷：武汉开心印印刷有限公司
开　　本：787mm×1092mm　1/16
印　　张：14.25
字　　数：355 千字
版　　次：2022 年 12 月第 1 版第 1 次印刷
定　　价：49.80 元

前　　言

建筑施工组织是高职高专建筑工程技术、建筑工程管理等专业的一门主要专业课程，是施工管理、编制施工组织设计的必备技能，对培养学生的职业能力和职业素养有重要的作用。

本书根据现行的《建设工程项目管理规范》（GB/T 50326—2017）和其他有关规范、标准进行编写，增加了最新的装配式建筑和项目管理软件的应用，具有及时性、先进性，适合高职高专、大学本科的建筑工程技术、建筑工程项目管理专业的学生和从事建筑管理的从业人员使用。

本书分为八章：绪论、建筑工程施工准备工作、施工方案、施工进度计划及资源配置计划的编制、施工现场平面布置、主要施工管理计划的制订、施工组织设计的实施、信息化技术在施工组织中的应用。

本书由湖北水利水电职业技术学院丁志胜、薛艳担任主编，余燕君、徐燕丽、朱菁、洪伟担任副主编。其中第 1 章绪论、第 2 章建筑工程施工准备工作由丁志胜编写；第 3 章施工方案由余燕君编写；第 4 章施工进度计划及资源配置计划的编制由朱菁编写；第 5 章施工现场平面布置、施工组织设计实例由徐燕丽编写；第 6 章主要施工管理计划的制订由薛艳编写；第 7 章施工组织设计的实施由洪伟编写；第 8 章信息化技术在施工组织中的应用由邵元纯、罗中、侯琴、沈小芹、王燕、范艳丽、熊英、王中发编写。

本书在编写过程中参考了大量的文献资料，在此谨向原作者表示诚挚的感谢。

由于编者水平有限，书中难免存在不足之处，恳请各位读者批评指正，谢谢！

编　者

2022 年 6 月

目　　录

1 绪 论

1.1 建筑施工组织设计发展概况

施工组织设计的作用是对拟建工程施工的全过程实行科学的管理。施工组织设计的编制有以下作用：可以全面考虑拟建工程的各种施工条件，扬长避短，拟定合理的施工方案，确定施工顺序、施工方法、劳动组织和技术等，合理地拟定施工进度计划，保证拟建工程按期投产或交付使用；为拟建工程的设计方案在经济上的合理性、在技术上的科学性和在实施工程上的可能性进行论证提供依据；为建设单位编制基本建设计划和施工企业编制施工计划提供依据。根据施工组织设计，施工企业可以提前掌握人力、材料和机具使用的先后顺序，全面安排资源的供应与消耗；可以合理确定临时设施的数量、规模和用途，以及临时设施、材料和机具在施工场地上的布置方案。

如果施工组织设计合理编制，能正确反映客观事实，符合建设单位和设计单位的要求，并且在施工过程中得到贯彻执行，就可以保证工程的顺利进行，取得好、快、省和安全的效果，早日发挥基本建设投资的经济效益和社会效益。

二十世纪六十年代，施工组织措施采用的是苏联的管理模式，随着我国经济的增长、建筑业的发展，施工项目管理也更加科学，到二十世纪七八十年代，施工组织设计在我国得到全面推广，经过不断实践、探索、研究，现在的施工组织更科学、更协调，经济上更合理。

以往强调工程开工前必须有施工组织设计，否则不得开工，但部分工程虽然编制了施工组织设计，实际执行情况汇却不尽如人意，甚至有的根本没有实施。许多年来，施工组织设计往往是由个别人编写的，这在很大程度上造成施工组织设计与材料、机械、劳动力等部门脱节，使得施工组织设计先天不足。在项目实施过程中，由于编制者与实施者分离，施工组织设计起不到指导施工的作用。目前国家出台了建筑施工组织设计规范，规定施工组织设计应由项目负责人组织编制、技术负责人审批。

1.2　建设项目的建设程序

1.2.1　建设项目及组成

1. 项目

项目是指在一定条件约束下，如限定时间、限定费用或者限定质量标准，具有特定目标和完整组织结构的一次性任务或管理对象。根据定义，项目具有一次性、约束性、目标明确性和整体性的特点。

建设项目的组成
（规范）

项目的种类按照专业特征划分，主要包括科学研究项目、航天项目、维修项目、咨询项目。根据需要还可以对每一类项目进行进一步分类。对项目进行分类的目的是有针对性地进行管理，提高完成任务的水平。

工程项目是项目中数量最多的一类，可以按照专业将其分为建筑工程、公路工程、水电工程、港口工程、铁路工程等，也可以按管理的差别将其划分为建设项目、设计项目、工程咨询项目、施工项目等。

项目通常有以下一些基本特征。

（1）项目开发是为了实现一个或一组特定目标。

（2）项目要综合考虑范围、时间、成本、质量、资源、沟通、风险、采购及相关方等。

（3）项目具有复杂性和一次性。

（4）项目是以客户为中心的。

（5）项目是要素的系统集成。

2. 建设项目

工程建设项目是以实物形态表示的具体项目，它以形成固定资产为目的。在我国，工程建设项目包括基本建设项目（新建、扩建等扩大生产能力的项目）和更新改造项目（以改进技术、增加产品品种、提高质量、治理"三废"、劳动安全、节约资源为主要目的的项目）。

基本建设项目一般指在一个总体设计或初步设计范围内，由一个或几个单位工程组成，在经济上进行统一核算，行政上有独立组织形式，实行统一管理的建设单位。凡属于一个总体设计范围内分期分批进行建设的主体工程和附属配套工程、综合利用工程、供水供电工程等，均应作为一个工程建设项目，不能将其按地区或施工承包单位划分为若干个工程建设项目。此外，也不能将不属于一个总体设计范围内的工程，按各种方式归算为一个工程建设项目。

3. 施工项目

施工项目是一定时期内进行建筑安装施工活动的基本建设项目或更新改造项目，包括本期以前开始建设并跨入本期继续施工的项目（简称上期跨入项目），本期内正式开始建设的项目（简称新开工项目），以及本期以前缓建而在本期恢复施工的项目（简称复工项目）。在本期内全部建成投产、竣工或停建、缓建的项目，因曾在本期内进行过施工活动，仍是本期的施工项目。处于筹备阶段尚未正式开始建设的筹建项目，按规定使用固定资产投资购置不需要安装的设备、工具等的单纯购置单位，以及收尾项目等都不作为施工项目。确定本期施工项目的依据，是各建设项目的开始建设年月（也称开工年月）、本年实际开工日期和全部建成投产年月等。综合反映一定时期或一定时点（通常为期末）施工项目总数的指标有报告期施工项目个数和期末施工项目个数。

因此，施工项目具有以下 3 个特征。

（1）它是建设项目或其中的单项工程或单位工程的施工任务。

（2）它作为一个管理整体，是以建筑施工企业为管理主体的。

（3）该任务的范围是由工程承包合同界定的。但只有单位工程、单项工程和建设项目的施工才是项目，因为其可形成建筑施工企业的产品。分部、分项工程不是完整的产品，因此也不能称作项目。

4. 建设项目的组成

按照建设项目分解管理的需要，可将建设项目分解为单项工程（工程项目）、单位工程（子单位工程）、分部工程（子分部工程）、分项工程和检验批。

（1）单项工程（工程项目）。

凡是具有独立的设计文件，竣工后可以独立发挥生产能力或效益的一组工程项目，称为一个单项工程。一个建设项目可由一个单项工程组成，也可由若干个单项工程组成。单项工程体现了建设项目的主要建设内容，其施工条件往往具有相对的独立性。栋教学楼、一栋图书馆、一栋住宅楼都是一个单项工程。

（2）单位工程（子单位工程）。

具备独立施工条件并能形成独立使用功能的建筑物及构筑物为一个单位工程。单位工程是工程建设项目的组成部分，一个工程建设项目有时可以仅包括一个单位工程，也可以包括许多单位工程。从施工的角度看，单位工程就是一个独立的交工系统，在工程建设项目总体部署和管理目标的指导下，形成自身的项目管理方案和目标，按其投资和质量的要求，如期建成交付生产和使用。对于建设规模较大的单位工程，还可将其能形成独立使用功能的部分划分为若干个子单位工程。以一栋住宅楼为例，其中土建工程、给排水工程、采暖工程、通风工程、照明工程各为一个单位工程。

建筑工程分部分项工程（规范）

单位工程的施工条件具有相对的独立性，因此，一般要单独组织施工或竣工验收。单位工程体现了工程建设项目的主要建设内容，是新增生产能力工程效益的基础。

（3）分部工程（子分部工程）。

分部工程就是建筑物按单位工程的部位、专业性质划分的，即单位工程的进一步分解。一般工业与民用建筑工程可划分为基础工程、主体工程、地面与楼面工程、装修工程、屋面工程等6个部分，其建筑设备安装工程由建筑采暖工程与煤气工程、建筑电气安装工程、通风与空调工程、电梯安装工程等组成。

当分部工程较大或较复杂时，可按材料种类、施工特点、施工程序、专业系统及类别等划分为若干个子分部工程。

（4）分项工程。

分项工程是分部工程的组成部分，一般按主要工种、材料、施工工艺、设备类别等进行划分，如钢筋工程、模板工程、混凝土工程、砌体工程、门窗工程等。分项工程是建筑施工生产活动的基础，也是计量工程用工用料和机械台班消耗的基本单元。同时，分项工程又是工程质量形成的直接过程。分项工程既有其作业活动的独立性，又有相互联系、互相制约的整体性。

（5）检验批。

按现行标准《建筑工程施工质量验收统一标准》（GB 50300—2013）的规定，建筑工程质量验收时，可将分项工程进一步划分为检验批。检验批是指按同一生产条件或按规定的方式汇总起来供检验用的，由一定数量样本组成的检验体。一个分项工程可由一个或若干个检验批组成，检验批可根据施工及质量控制和专业验收需要，按楼层、施工段、变形缝等进行划分。建筑工程分部分项工程划分见表1.1。

表 1.1　建筑工程分部分项工程划分

序号	分部工程	子分部工程	分项工程
1	地基与基础	土方工程	土方开挖，土方回填，场地平整
		基坑支护	灌注桩排桩围护墙，重力式挡土墙，板桩围护墙，型钢水泥土搅拌墙，土钉墙与复合土钉墙，地下连续墙，咬合桩围护墙，沉井与沉箱，钢或混凝土支撑，锚杆（索），与主体结构相结合的基坑支护，降水与排水
		地基处理	素土、灰土地基，砂和砂石地基，土工合成材料地基，粉煤灰地基，强夯地基，注浆加固地基，预压地基，振冲地基，高压喷射注浆地基，水泥土搅拌桩地基，土和灰土挤密桩地基，水泥粉煤灰碎石桩地基，夯实水泥土桩地基，砂桩地基
		桩基础	先张法预应力管桩，钢筋混凝土预制桩，钢桩，泥浆护壁混凝土灌注桩，长螺旋钻孔压灌桩，沉管灌注桩，干作业成孔灌注桩，锚杆静压桩
		混凝土基础	模板、钢筋、混凝土，现浇结构，装配式结构
		砌体基础	砖砌体，混凝土小型空心砌块砌体，石砌体，配筋砌体

续表

序号	分部工程	子分部工程	分项工程
1	地基与基础	钢结构基础	钢结构焊接,紧固件连接,钢结构制作,钢结构安装,防腐涂料涂装
		钢管混凝土结构基础	构件进场验收,构件现场拼装,柱脚锚固,构件安装,柱与混凝土梁连接,钢管内钢筋骨架,钢管内混凝土浇筑
		型钢混凝土结构基础	型钢焊接,紧固件连接,型钢与钢筋连接,型钢构件组装及预拼装,型钢安装,模板,混凝土
		地下防水	主体结构防水,细部构造防水,特殊施工法结构防水,排水,注浆
2	主体结构	混凝土结构	模板,钢筋,混凝土,预应力,现浇结构,装配式结构
		砌体结构	砖砌体,混凝土小型空心砌块砌体,石砌体,配筋砖砌体,填充墙砌体
		钢结构	钢结构焊接,紧固件连接,钢零部件加工,钢构件组装及预拼装,单层钢结构安装,多层及高层钢结构安装,钢管结构安装,预应力钢索和膜结构,压型金属板,防腐涂料涂装,防火涂料涂装
		钢管混凝土结构	构件现场拼装,构件安装,柱与混凝土梁连接,钢管内钢筋骨架,钢管内混凝土浇筑
		型钢混凝土结构	型钢焊接,紧固件连接,型钢与钢筋连接,型钢构件组装及预拼装,型钢安装,模板,混凝土
		铝合金结构	铝合金焊接,紧固件连接,铝合金零部件加工,铝合金构件组装,铝合金构件预拼装,铝合金框架结构安装,铝合金空间网格结构安装,铝合金面板,铝合金幕墙结构安装,防腐处理
		木结构	方木和原木结构,胶合木结构,轻型木结构,木结构防护

序号	分部工程	子分部工程	分项工程
3	建筑装饰装修	建筑地面	基层铺设，整体面层铺设，板块面层铺设，木、竹面层铺设
		抹灰	一般抹灰，保温层薄抹灰，装饰抹灰，清水砌体勾缝
		外墙防水	外墙砂浆防水，涂膜防水，透气膜防水
		门窗	木门窗安装，金属门窗安装，塑料门窗安装，特种门安装，门窗玻璃安装
		吊顶	整体面层吊顶，板块面层吊顶，格栅吊顶
		轻质隔墙	板材隔墙，骨架隔墙，活动隔墙，玻璃隔墙
		饰面板	石板安装，陶瓷板安装，木板安装，金属板安装，塑料板安装
		饰面砖	外墙饰面砖粘贴，内墙饰面砖粘贴
		涂饰	水性涂料涂饰，溶剂型涂料涂饰，美术涂饰
		裱糊与软包	裱糊，软包
		外墙防水	砂浆防水层，涂膜防水层，防水透气膜防水层
		细部	橱柜制作与安装，窗帘盒和窗台板制作与安装，门窗套制作与安装，护栏和扶手制作与安装，花饰制作与安装
4	屋面工程	基层与保护	找坡层和找平层，隔汽层，隔离层，保护层
		保温与隔热	板状材料保温层，纤维材料保温层，喷涂硬泡聚氨酯保温层，现浇泡沫混凝土保温层，种植隔热层，架空隔热层，蓄水隔热层
		防水与密封	卷材防水层，涂膜防水层，复合防水层，接缝密封防水
		瓦面与板面	烧结瓦和混凝土瓦铺装，沥青瓦铺装，金属板铺装，玻璃采光顶铺装
		细部构造	檐口，檐沟和天沟，女儿墙和山墙，水落口，变形缝，伸出屋面管道，屋面出入口，反梁过水孔，设施基座，屋脊，屋顶窗
5	建筑给水、排水及采暖	室内给水系统	给水管道及配件安装，给水设备安装，室内消火栓系统安装，消防喷淋系统安装，防腐，绝热，管道冲洗、消毒，试验与调试
		室内排水系统	排水管道及配件安装，雨水管道及配件安装，防腐，试验与调试

续表

序号	分部工程	子分部工程	分项工程
5	建筑给水、排水及采暖	室内热水系统	管道及配件安装，辅助设备安装，防腐，绝热，试验与调试
		卫生器具	卫生器具安装，卫生器具给水配件安装，卫生器具排水管道安装，试验与调试
		室内采暖系统	管道及配件安装，辅助设备安装，散热器安装，低温热水地板辐射供暖系统安装，电加热供暖系统安装，燃气红外辐射供暖系统安装，热风供暖系统安装，热计量及调控装置安装，试验与调试，防腐，绝热
		室外给水管网	给水管道安装，室外消防栓系统安装，试验与调试
		室外排水管网	排水管道安装，排水管沟与井池，试验与调试
		室外供热管网	管道及配件安装，系统水压试验，系统调试，防腐，绝热，试验与调试
		室外二次供热管网	管道及配件安装，土建结构，防腐，绝热
		建筑饮用水供应系统	管道及配件安装，水处理设备及控制设施安装，防腐，绝热，试验与调试
		建筑中水系统及雨水利用系统	建筑中水系统、雨水利用系统管道及配件安装，水处理设备及控制设施安装，防腐，绝热，试验与调试
		游泳池及公共浴池水系统	管道及配件安装，水处理设备及控制设施安装，防腐，绝热，试验与调试
		水景喷泉系统	管道系统及配件安装，防腐，绝热，试验与调试
		热源及辅助设备	锅炉安装，辅助设备及管道安装，安全附件安装，换热站安装，防腐，绝热，试验与调试
		监测与控制仪表	检测仪器及仪表安装，试验与调试
6	通风与空调	送风系统	风管与配件制作，部件制作，风管系统安装，风机与空气处理设备安装，风管与设备防腐，系统调试，旋流风口、岗位送风口、织物（布）风管安装
		排风系统	风管与配件制作，部件制作，风管系统安装，风机与空气处理设备安装，风管与设备防腐，系统调试，吸风罩及其他空气处理设备安装，厨房、卫生间排风系统安装

序号	分部工程	子分部工程	分项工程
6	通风与空调	防排烟系统	风管与配件制作，部件制作，风管系统安装，风机与空气处理设备安装，风管与设备防腐，系统调试，排烟风阀（口）、常闭正压风口、防火风管安装
		除尘系统	风管与配件制作，部件制作，风管系统安装，风机与空气处理设备安装，风管与设备防腐，系统调试，除尘器与排污设备安装，吸尘罩安装，高温风管绝热
		舒适性空调系统	风管与配件制作，部件制作，风管系统安装，风机与空气处理设备安装，风管与设备防腐，系统调试，组合式空调机组安装，消声器、静电除尘器、换热器、紫外线灭菌器等设备安装，风机盘管、VAV与UFAD地板送风装置、射流喷口等末端设备安装，风管与设备绝热
		恒温恒湿空调系统	风管与配件制作，部件制作，风管系统安装，风机与空气处理设备安装，风管与设备防腐，系统调试，组合式空调机组安装，电加热器、加湿器等设备安装，精密空调机组安装，风管与设备绝热
		净化空调系统	风管与配件制作，部件制作，风管系统安装，风机与空气处理设备安装，消声设备制作与安装，风管与设备防腐，系统调试，净化空调机组安装，消声器、静电除尘器、换热器、紫外线灭菌器等设备安装，中、高效过滤器及风机过滤器单元（FFU）等末端设备清洗与安装，洁净度测试，风管与设备绝热
		地下人防通风系统	风管与配件制作，部件制作，风管系统安装，风机与空气处理设备安装，消声设备制作与安装，风管与设备防腐，系统调试，过滤吸收器、防爆波活门、防爆超压排气活门等专用设备安装
		真空吸尘系统	风管与配件制作，部件制作，风管系统安装，风机与空气处理设备安装，消声设备制作与安装，风管与设备防腐，管道安装，快速接口安装，风机与滤尘设备安装，系统压力试验机调试

序号	分部工程	子分部工程	分项工程
6	通风与空调	冷凝水系统	管道系统及部件安装，水泵及附属设备安装，管道、设备防腐与绝热，管道冲洗及管内防腐，系统灌水渗漏及排放试验
		空调（冷、热）水系统	管道系统及部件安装，水泵及附属设备安装，管道、设备防腐与绝热，管道冲洗与管内防腐，系统压力试验及调试，板式热交换器，辐射板及辐射供热、供冷地埋管，热泵机组设备安装
		冷却水系统	管道系统及部件安装，水泵及附属设备安装，管道、设备防腐与绝热，管道冲洗及管内防腐，系统压力试验及调试，冷却塔与水处理设备安装，防冻伴热设备安装
		土壤源热泵换热系统	管道系统及部件安装，水泵及附属设备安装，管道、设备防腐与绝热，管道冲洗及管内防腐，系统压力试验及调试，埋地换热系统与管网安装
		水源热泵换热系统	管道系统及部件安装，水泵及附属设备安装，管道、设备防腐与绝热，管道冲洗与管内防腐，系统压力试验及调试，地表水源换热管及管网安装，除垢设备安装
		蓄能系统	管道系统及部件安装，水泵及附属设备安装，管道、设备防腐与绝热，管道冲洗与管内防腐，系统压力试验及调试，蓄水罐与蓄冰槽、罐安装
		压缩式制冷（热）设备系统	制冷机组及附属设备安装，管道、设备防腐与绝热，系统压力试验及调试，制冷剂管道及部件安装，制冷剂灌注
		吸收式制冷设备系统	制冷机组及附属设备安装，管道、设备防腐与绝热，试验与调试，系统真空试验，溴化锂溶液加灌，蒸汽管道系统安装，燃气或燃油设备安装
		多联机（热泵）空调系统	室外机组安装，室内机组安装，制冷剂管路连接及控制开关安装，风管安装，冷凝水管道安装，制冷剂灌注，系统压力试验及调试
		太阳能供暖空调系统	太阳能集热器安装，其他辅助能源、换热设备安装，蓄能水箱、管道及配件安装，系统压力试验及调试，防腐，绝热，低温热水底板辐射采暖系统安装
		设备自控系统	温度、压力与流量传感器安装，执行机构安装调试，防排烟系统功能测试，自动控制及系统智能控制软件调试

序号	分部工程	子分部工程	分项工程
7	建筑电气	室外电气	变压器、箱式变电所安装，成套配电柜、控制柜（屏、台）和动力、照明配电箱（盘）及控制柜安装，梯架、托盘和槽盒安装，导管敷设，电缆敷设，管内穿线和槽盒内敷线，电缆头制作，导线连接，线路绝缘测试，普通灯具安装，专用灯具安装，建筑照明通电试运行，接地装置安装
		变配电室	变压器、箱式变电所安装，成套配电柜、控制柜（屏、台）和动力、照明配电箱（盘）安装，母线槽安装，梯架、托盘和槽盒安装，电缆敷设，电缆头制作，导线连接，线路电气试验，接地装置安装，接地干线敷设
		供电干线	电气设备试验和试运行，母线槽安装，梯架、托盘和槽盒安装，导管敷设，电缆敷设，管内穿线和槽盒内敷线，电缆头制作，导线连接，线路绝缘测试，接地干线敷设
		电气动力	成套配电柜、控制柜（屏、台）和动力、照明配电箱（盘）安装，电动机、电加热器及电动执行机构检查接线，电气设备试验和试运行，梯架、托盘和槽盒安装，导管敷设，电缆敷设，管内穿线和槽盒内敷线，电缆头制作，导线连接，线路绝缘测试，开关、插座、风扇安装
		电气照明	成套配电柜、控制柜（屏、台）和动力、照明配电箱（盘）安装，梯架、托盘和槽盒安装，导管敷设，管内穿线和槽盒内敷线，塑料护套线直敷布线，钢索配线，电缆头制作，导线连接，线路绝缘测试，普通灯具安装，专用灯具安装，开关、插座、风扇安装，建筑照明通电试运行 备用和不间断电
		源安装	成套配电柜、控制柜（屏、台）和动力、照明配电箱（盘）安装，柴油发电机组安装，不间断电源（UPS, uninterrupted power system）及应急电源装置（EPS, emergency power system）安装，母线槽安装，导管敷设，电缆敷设，管内穿线和槽盒内敷线，电缆头制作，导线连接，线路绝缘测试，接地装置安装
		防雷及接地安装	接地装置安装，避雷引下线及接闪器安装，建筑物等电位连接

续表

序号	分部工程	子分部工程	分项工程
8	建筑智能化	智能化集成系统	设备安装，软件安装，接口及系统调试，试运行
		信息接入系统	安装场地检查
		用户电话交换系统	线缆敷设，设备安装，软件安装，结构及系统调试
		信息网络系统	计算机网络系统安装，计算机网络软件安装，网络安全设备安装，网络安全软件安装，系统调试，试运行
		综合布线系统	梯架、托盘、槽盒和导管安装，线缆敷设，机柜、机架、配线架安装，信息插座安装，链路或信道测试，软件安装，系统调试，试运行
		移动通信室内信号覆盖系统	安装场地检查
		卫星通信系统	安装场地检查
		有线电视及卫星电视接收系统	梯架、托盘、槽盒和导管安装，线缆敷设，设备安装，软件安装，系统调试，试运行
		公共广播系统	梯架、托盘、槽盒和导管安装，线缆敷设，设备安装，软件安装，系统调试，试运行
		会议系统	梯架、托盘、槽盒和导管安装，线缆敷设，设备安装，软件安装，系统调试，试运行
		信息导引及发布系统	梯架、托盘、槽盒和导管安装，线缆敷设，显示设备安装，机房设备安装，软件安装，系统调试，试运行
		时钟系统	梯架、托盘、槽盒和导管安装，线缆敷设，设备安装，软件安装，系统调试，试运行
		信息化应用系统	梯架、托盘、槽盒和导管安装，线缆敷设，设备安装，软件安装，系统调试，试运行
		建筑设备监控系统	梯架、托盘、槽盒和导管安装，线缆敷设，传感器安装，执行器安装，控制器、箱安装，中央管理工作站和操作分站设备安装，软件安装，系统调试，试运行
		火灾自动报警系统	梯架、托盘、槽盒和导管安装，线缆敷设，探测器类设备安装，控制器类设备安装，其他设备安装，软件安装，系统调试，试运行
		安全技术防范系统	梯架、托盘、槽盒和导管安装，线缆敷设，设备安装，软件安装，系统调试，试运行

序号	分部工程	子分部工程	分项工程
8	建筑智能化	机房	供配电系统，防雷与接地系统，空气调节系统，给水排水系统，综合布线系统，监控与安全防范系统，消防系统，室内装饰装修，电磁屏蔽，系统调试，试运行
		防雷与接地	接地装置，接地线，等电位连接，屏蔽设施，电涌保护器，线缆敷设，系统调试，试运行
9	建筑节能	围护系统节能	墙体节能，幕墙节能，门窗节能，屋面节能，地面节能
		供暖空调设备及管网节能	供暖节能，通风与空调设备节能，空调与供暖系统冷热源节能，空调与供暖系统管网节能
		电气动力节能	配电节能、照明节能
		监控系统节能	监测系统节能，控制系统节能
		可再生能源	地源热泵系统节能，太阳能光热系统节能，太阳能光伏节能
10	电梯	电力驱动的曳引式或强制式电梯	设备进场验收，土建交接检验，驱动主机，导轨，门系统，轿厢，对重，安全部件，悬挂装置，随行电缆，补偿装置，电气装置，整机安装
		液压电梯	设备进场验收，土建交接检验，液压系统，导轨，门系统，轿厢，对重，安全部件，悬挂装置，随行电缆，电气装置，整机安装
		自动扶梯、自动人行道	设备进场验收，土建交接检验，整机安装

1.2.2 基本建设程序

基本建设程序是指基本建设全过程中各项工作之间必须遵循的先后顺序。基本建设全过程中各环节、各步骤之间的先后顺序客观存在且不可破坏，这是由基本建设项目本身的特点和客观规律决定的。

我国工程基本建设程序主要有以下几个阶段：项目决策阶段，包括项目建议书、可行性研究；建设准备阶段，包括勘察设计、施工准备；工程实施阶段，包括建设实施、生产准备、竣工验收、项目后评价。

1. 项目决策阶段

项目决策阶段以可行性研究为中心工作，包括调查研究、提出设想、确定建设地点、编制可行性研究报告等。

（1）项目建议书。

对于政府投资工程项目，编制项目建议书是项目建设最初阶段的工作。其主要作用是推荐建设项目，以便在一个确定的地区或部门内，以自然资源和市场预测为基础，选择建设项目。项目建议书经批准后，可进入可行性研究阶段，但不表明该项目非做不可，项目建议书不是项目的最终决策。

项目建议书的内容一般包括以下 5 个方面。

① 建设项目提出的必要性和根据。

② 拟建工程规模和建设地点的初步设想。

③ 资源情况、建设条件、协作关系等的初步分析。

④ 投资估算和资金筹措的初步设想。

⑤ 经济效益和社会效益的评估。

（2）可行性研究。

可行性研究是在项目建议书被批准后，对项目在技术和经济上是否可行所进行的科学分析和论证。根据《国务院关于投资体制改革的决定》，对于企业不使用政府资金投资建设的项目，一律不再实行审批制，为区别不同情况，实行核准制和等级备案制；对于《政府核准的投资项目目录》以外的企业投资项目，实行备案制。

可行性研究阶段的主要工作有以下 7 项。

① 编制可行性研究报告。由经过国家资格审定的适合本项目的等级和专业范围的规划、设计、工程咨询单位承担项目可行性研究，并形成报告。

② 可行性研究报告论证。报告编制完成后，项目筹建单位应委托有资质的单位进行评估、论证。

③ 项目建设筹建单位提交书面报告附可行性研究报告文本、其他附件（建设用地规划许可证、工程规划许可证、土地使用手续、环保审批手续、拆迁评估报告、可行性研究报告的评估论证报告、资金来源和筹措情况等手续），上报原项目审批部门审批。

④ 到国土部门办理土地使用证。

⑤ 办理征地、青苗补偿、拆迁安置等手续。

⑥ 地质勘察。根据可行性研究报告审批意见，委托或通过招标或比选方式选择有资质的地质勘察单位进行地质勘察。

⑦ 报审市政配套方案。报审供水、供气、供热、排水等市政配套方案，一般项目要在规划、建设、土地、人防、消防、文物、安全、劳动、卫生等主管部门提出审查意见，取得有关协议或批复文件。

对于一些各方面相对单一、技术工艺要求不高、前期工作成熟的项目，一般多为教育、卫生等方面的项目，项目建议书和可行性研究报告也可以合并，一步编制项目可行性研究报告，也就是通常说的可行性研究报告代项目建议书。

可行性研究报告的主要内容包括以下 10 点。

① 建设项目提出的背景、必要性、经济意义和依据。

② 拟建项目规模、产品方案、市场预测。

③ 技术工艺、主要设备、建设标准。

④ 资源、材料、燃料供应和运输及水电条件。

⑤ 建设地点、场地布置及项目设计方案。

⑥ 环境保护、防洪、防震等要求与相应措施。

⑦ 劳动定员及培训。

⑧ 建设工期和进度建议。

⑨ 投资估算和资金筹措方式。

⑩ 经济效益和社会效益分析。

可行性研究报告的审批权限有明确规定，必须按照规定将编制好的可行性研究报告送有关部门审批。

经批准的可行性研究报告是初步设计的依据，不得随意修改和变更。如果在建设规模、产品方案等主要内容上需要修改或突破投资控制，应经原批准单位复审同意。

2. 建设准备阶段

建设准备阶段主要是根据批准的可行性研究报告，成立项目法人，进行工程地质勘察、初步设计和施工图设计，编制设计概算，安排年度建设计划及投资计划，进行工程发包，准备设备、材料，做好施工准备等工作。这个阶段的中心工作是勘察设计。

（1）勘察设计。

设计文件是建设项目施工的主要依据。编制设计文件之前和编制设计文件过程中都要进行大量的调查和勘测工作，在此基础之上，根据批准的可行性研究报告，将建设项目的要求逐步具体化，成为指导施工的工程图纸及其说明书。

一般项目分两个阶段设计，即初步设计阶段和施工图设计阶段。技术上比较复杂和缺少设计经验的项目采用三阶段设计，即在初步设计阶段后增加技术设计阶段。

① 初步设计阶段：项目筹建单位应根据可行性研究报告审批意见，委托或通过招标择优选择有相应资质的设计单位进行初步设计。

初步设计是根据批准的可行性研究报告和必要而准确的设计基础资料进行概略的设计，作出初步的实施方案，对设计对象进行通盘考虑，阐明在指定的地点、时间和投资控制内，拟建工程在技术上的可能性和经济上的合理性。通过对设计对象作出的基本技术规定，编制项目的总概算。

初步设计由建设单位组织审批，初步设计经批准后，不得随意改变建设规模、建设地址、主要工艺过程、主要设备和总投资控制指标。

② 技术设计阶段：技术设计是在初步设计的基础上，根据更详细的调查研究资料，进一步确定建筑、结构、工艺、设备等的技术要求，以便建设项目的设计更具体、更完善，技术经济指标达到最优。

③ 施工图设计阶段：施工图设计是在技术设计或初步设计的基础上进一步形象化、具体化、明确化，完成建筑、结构、水、电、气、工业管道、场内道路等全部的施工图纸、工程说明书、结构计算书以及施工图预算等。在工艺方面，应具体确定各种设备的型号、规格及各种非标准设备的制作、加工和安装图。设计深度应该达到材料和人工数量的计算、机械设备的安排、设备的制作、建筑工程的施工要求。

（2）施工准备。

施工准备工作在可行性研究报告批准后即可进行。技术、物资和组织等方面的准备，为工程施工创造了有利条件，使建设工程能连续、均衡、有节奏地进行。施工准备工作的主要内容有以下 6 项。

① 征地、拆迁和场地平整。

② 完成"七通一平"，即通给水、通排水、通电、通信、通路、通燃气、通热力和场地平整，修建临时生产和生活设施。

③ 组织设备、材料订货，做好开工前准备。开工前准备包括计划、组织、监督等管理工作的准备，以及材料、设备、运输等物质条件的准备。

④ 准备技术资料，包括勘察资料、施工图纸、施工组织设计和其他的技术资料。

⑤ 组织施工招投标，择优选定施工单位。

⑥ 办理开工报建手续。

3. 工程实施阶段

工程实施阶段是项目决策的实施、建成投产发挥投资效益的关键环节。这个阶段的中心工作是根据施工图纸进行建筑安装施工，包括做好生产或使用准备、试车运行、进行竣工验收、交付生产或使用等工作。

（1）建设实施。

建设实施就是将预想和施工图变成实物的过程，是建设程序中的一个重要环节。该环节是建设程序中时间最长、工作量最大、资源消耗最多的阶段，该阶段对项目的成败有着重要影响。应做到计划、设计、施工 3 个环节互相衔接，投资、工程内容、施工图纸、设备材料、施工力量 5 个方面的落实，保证建设计划的全面落实。

施工之前要认真做好图纸会审工作，编制施工图预算和施工组织设计，明确投资、进度、质量的控制要求。施工中要严格按照施工图和图纸会审要求施工，设计变更需要征得建设单位和设计单位的同意；严格执行有关施工标准和规范，确保工程质量；按合同要求全面完成施工内容。

（2）生产准备。

生产准备是由建设单位进行的一项工作，衔接项目建设和生产，为顺利生产经营做好准备工作。

生产准备工作一般包括以下 5 项内容。

① 组建生产经营管理机构，制订管理制度和有关规定。

② 招收生产和管理人员，组织人员进行培训。

③ 生产技术准备和运营方案的确定。

④ 原材料、燃料、工具、器具、备件等生产物资的准备。

⑤ 生产设备的调试和试运行。

（3）竣工验收。

新建、改建、扩建的建设项目竣工后，需要经过验收合格后才能投入使用。竣工验收是全面考核建设成果、检验设计和工程质量的重要步骤，是投资成果转入生产或使用的标志。

竣工验收必须满足以下 4 个条件。

① 项目已按设计要求完成，能满足生产需要。

② 主要工艺设备配套设施经联动负荷试车合格，形成生产能力，能够生产出设计文件所规定的产品。

③ 生产准备工作能适应投产需要。

④ 环保设施、劳动安全卫生设施、消防设施已按要求与主体工程同时建成使用。

竣工验收准备工作如下。

① 整理工程技术资料。有关单位将工程技术资料整理好，交由建设单位统一保管。

② 绘制竣工图。竣工图就是最后工程实际完成的图纸，由施工单位绘制或者委托设计单位绘制，竣工图必须准确、完整，符合归档要求，方能交付验收。

③ 编制竣工决算。建设单位必须及时清理所有财产、物资和未用完的资金或应收回的资金，编制工程竣工决算，分析预算执行情况，考核投资效益，报主管部门审查。

竣工验收程序如下。

① 根据建设项目的规模大小和复杂程度，整个项目的验收可分为初步验收和竣工验收两个阶段。规模较大、较为复杂的建设项目，应先进行初步验收，然后进行全部项目的竣工验收。规模较小、较简单的项目可以一次进行全部项目的竣工验收。

② 建设项目在竣工验收之前，由建设单位组织施工、设计及使用等单位进行初步验收。初步验收前由施工单位按照国家规定，整理好文件、技术资料，向建设单位提出交工报告。建设单位接到报告后，应及时组织初步验收。

③ 建设项目全部完成，经过各单项工程的验收，符合设计要求，并具备竣工图表、竣工决算、工程总结等文件资料后，由项目主管部门或建设单位向负责验收的单位提出竣工验收申请报告。

④ 竣工验收一般由项目批准单位或委托项目主管部门组织。竣工验收由环保、劳动、消防及其他部门组成，建设单位、施工单位、勘察设计单位、监理单位参加验收工作。验收委员会或验收组负责审查工程建设的各个环节，听取各有关单位的工作报告，审阅工程档案资料并实地查验工程施工和设备安装情况，并对工程设计、施工和设备质量等方面作出全面评价。不合格的工程不予验收；对遗留的问题提出具体解决意见，限期落实完成。

(4) 项目后评价。

建设项目经过 1～2 年的生产运营（使用）后，要进行一次系统的项目后评价。建设项目后评价是我国建设程序新增的一项内容，目的是肯定成绩、总结经验、研究问题、吸取教训、提出建议、改进工作，不断提高项目决策水平和投资效果。项目后评价一般分为项目法人自我评价、项目行业的评价和计划部门（或主要投资方）的评价 3 个层次组织实施。建设项目后评价的主要内容有以下 3 项。

① 影响评价：对项目投产后各方面的影响进行评价。

② 经济效益评价：对投资效益、财务效益、技术进步、规模效益、可行性研究深度进行评价。

③ 过程评价：对项目的立项、设计、施工、建设管理、竣工投产、生产运营等全过程进行评价。

1.3 建筑产品及其生产特点

1.3.1 建筑产品的特点

建筑产品和其他工农业产品一样,具有商品的属性。但从其产品和生产的特点来看,却具有与一般商品不同的特点,具体表现在以下 3 个方面。

1. 建筑产品的固定性

建筑产品形成后便与土地牢固地结为一体,形成了建筑产品最大的特点,即产品的固定性。

2. 建筑产品的多样性

建筑产品不但要满足各种使用功能的要求,而且还要体现各地区的民族风格、物质文明和精神文明,同时也受到各地区的自然条件等因素的限制,因此建筑产品在建设规模、结构类型、构造型式、基础设计和装饰风格等方面各不相同。即使是同一类型的建筑产品,也会因所在地点、环境条件的不同而有所区别。

3. 建筑产品庞大性

建筑产品无论复杂还是简单,为了满足其使用功能,需要大量的物质资源,占据广阔的平面和空间,因而建筑产品的体型比较庞大。

1.3.2 建筑产品的生产特点

1. 施工生产的流动性

建筑产品的固定性决定了其生产的流动性,一支建筑队伍在上一个地点承担的建筑生产任务完成后,须转移到新的地点承接新的施工任务。上述特点使工程建设地点的气象、工程地质、水文地质和技术经济条件直接影响工程的造价。

2. 建筑产品生产的单件性

建筑产品的单件性表现在每幢建筑物、构筑物都必须单件设计、单件建造并单独定价。建筑产品根据工程建设业主(买方)的特定要求,在特定的条件下单独设计。因而建筑产品的形态、功能多样,各具特色。每项工程都有不同的规模、结构、造型、功能、等级和装饰,需要选用不同的材料和设备,即使同一类工程,各个单件也有差别。由于建设地点和设计不同,必须采用不同的施工方法,单独组织施工。因此,每个工程所需的劳动力、材料、施工机械等各不相同,直接费、间接费均有很大差异,每个工程必须单独定价。即使是在同一个小区内建造相同的两栋楼房，建设时间的不同产生建筑材料的差价，也会造成两栋楼房造价上的差异。

3. 建筑产品生产周期长

建筑产品的固定性和庞大性决定了建筑产品生产周期长。建筑产品体型庞大，使得最终建筑产品的建成必然耗费大量的人力、物力、财力。同时，建筑产品的生产全过程还受到工艺流程和生产程序的制约，使得各专业、工种之间必须按照合理的施工顺序进行配合和衔接。建筑产品的固定性使施工活动的空间具有局限性，从而导致建筑产品生产具有生产周期长的特点。

4. 建筑产品生产的地区性

建筑产品的固定性决定了同一使用功能的建筑产品，因其建造地点的不同，必然受到建设地区的自然、技术、经济和社会条件的约束，导致其结构、构造、艺术形式、室内设施、材料、施工方案等方面均不相同。因此建筑产品的生产具有地区性。

5. 建筑产品生产露天作业多

建筑产品生产地点的固定性和体型的庞大性决定了建筑产品生产露天作业多。建筑产品不能像其他工业产品一样在车间内生产，除少量构件生产及部分装饰工程、设备安装工程外，大部分土建施工过程都是在室外完成的，受气候因素影响，工人劳动条件差。

6. 建筑产品生产高空作业多

建筑产品体型庞大的特点决定了建筑产品高空作业多。特别是随着我国国民经济的不断发展和建筑技术的日益进步，土地资源的日益紧张，建筑产品必然向高度发展，高层和超高层建筑日益增多，使得建筑产品生产高空作业的特点越来越明显，同时也增加了作业环境的不安全因素。

7. 建筑产品生产组织协作具有综合复杂性

从建筑产品的特点看，建筑产品生产的涉及面广。在建筑企业内部要涉及在不同时期、不同地点和不同产品上组织多专业、多工种的综合作业，而且要应用工程力学、建筑结构、建筑构造、地基基础、水电暖、机械设备、建筑材料和施工技术、施工组织等学科的专业知识。在建筑企业外部，它涉及各个不同种类的专业施工企业，以及城市规划，征用土地，勘察设计，消防，环境保护，质量监督，科研试验，交通运输，银行财政，机具设备，物质材料，水、电、热、气的供应等社会各部门和各领域的复杂协作配合，从而使建筑产品生产的组织协作关系综合复杂。

1.4 建筑施工组织设计概论

施工组织设计就是以施工项目为对象编制的，用以指导施工的技术、经济和管理的综合性文件。

1.4.1 建筑施工组织设计的作用

建筑施工组织设计的作用有以下 5 个方面。

（1）通过施工组织设计的编制，可以全面考虑拟建工程的各种具体施工条件，拟定合理的施工方案，确定施工顺序、施工方法和劳动组织，合理地统筹安排拟定施工进度计划。

（2）为拟建工程的设计方案在经济上的合理性，在技术上的科学性和在实施工程上的可能性进行论证提供依据。

（3）为建设单位编制基本建设计划和施工企业编制施工工作计划及实施施工准备工作计划提供依据。

（4）可以把拟建工程的设计与施工、技术与经济、前方与后方和施工企业的全部施工安排与具体工程的施工组织工作更紧密地结合起来。

（5）可以把直接参加的施工单位与协作单位、部门与部门、阶段与阶段、过程与过程之间的关系更好地协调起来。

1.4.2 施工组织设计的分类

1. 按编制对象分类

（1）施工组织总设计：以若干单位工程组成的群体工程或特大型项目为主要对象编制的施工组织设计，对整个项目的施工过程起统筹规划、重点控制的作用。

（2）单位工程施工组织设计：以单位（子单位）工程为主要对象编制的施工组织设计，对单位（子单位）工程的施工过程起指导和制约作用。

（3）施工方案：以分部（分项）工程或专项工程为主要对象编制的施工技术与组织方案，用以具体指导其施工过程。

2. 根据编制时间的不同分类

（1）标前施工组织设计：投标前编制的施工组织设计，用于竞争工程项目的承包权。

（2）标后施工组织设计：投标后、开工前编制的施工组织设计，用于指导施工。

两类施工组织设计的区别见表 1.2。

表 1.2　投标前和投标后施工组织设计的区别

类型	作用	编制时间	编织者	特点	目标
投标前	投标、签约	投标前	公司经营者	规划性、粗放性	中标、经济效益
投标后	施工组织	中标后、开工前	项目管理者	指导性、详细性	施工效率和合理性

1.4.3　施工组织设计的编制原则

施工组织设计的编制必须遵循工程建设程序，并应符合下列原则。

（1）符合施工合同或招标文件中有关工程进度、质量、安全、环境保护、造价等方面的要求。

（2）积极开发、使用新技术和新工艺，推广应用新材料和新设备。

（3）坚持科学的施工程序和合理的施工顺序，采用流水施工和网络计划等方法，科学配置资源，合理布置现场，采取季节性施工措施，实现均衡施工，达到合理的经济技术指标。

（4）采取技术和管理措施，推广建筑节能和绿色施工。

（5）与质量、环境和职业健康安全3个管理体系有效结合。

1.4.4　施工组织设计的基本内容

施工组织设计的内容根据类型的不同稍有差别，基本内容包括如下各项。

1. 编制依据

编制依据如下：

（1）与工程建设有关的法律、法规和文件；

（2）国家现行有关标准和技术经济指标；

（3）工程所在地区行政主管部门的批准文件，建设单位对施工的要求；

（4）工程施工合同或招标投标文件；

（5）工程设计文件；

（6）工程施工范围内的现场条件，工程地质及水文地质、气象等自然条件；

（7）与工程有关的资源供应情况；

（8）施工企业的生产能力、机具设备状况、技术水平等。

2. 工程概况

（1）工程概况应包括项目主要情况和项目主要施工条件等。

（2）项目主要情况应包括下列内容：

① 项目名称、性质、地理位置和建设规模；

② 项目的建设、勘察、设计和监理等相关单位的情况；

③ 项目设计概况；

④ 项目承包范围及主要分包工程范围；

⑤ 施工合同或招标文件对项目施工的重点要求；

⑥ 其他应说明的情况。

（3）项目主要施工条件应包括下列内容：

① 项目建设地点气象状况；

② 项目施工区域地形和工程水文地质状况；

③ 项目施工区域地上、地下管线及相邻的地上、地下建（构）筑物情况；

④ 与项目施工有关的道路、河流等状况；

⑤ 当地建筑材料、设备供应和交通运输等服务能力状况；

⑥ 当地供电、供水、供热和通信能力状况；

⑦ 其他与施工有关的主要因素。

3. 施工部署

（1）施工组织总设计应对项目总体施工作出下列宏观部署。

① 确定项目施工总目标，包括进度、质量、安全、环境和成本目标；

② 根据项目施工总目标的要求，确定项目分阶段（期）交付的计划；

③ 确定项目分阶段（期）施工的合理顺序及空间组织。

（2）对于项目施工的重点和难点应进行简要分析。

（3）总承包单位应明确项目管理组织机构形式，并宜采用框图的形式表示。

（4）对于项目施工中开发和使用的新技术、新工艺应作出部署。

（5）对主要分包项目施工单位的资质和能力应提出明确要求。

4. 施工进度计划

（1）施工总进度计划应按照项目总体施工部署的安排进行编制。

（2）施工总进度计划可采用网络图或横道图表示，并附必要说明。

5. 施工准备与资源配置计划

施工准备工作包括以下 5 项。

（1）总体施工准备应包括技术准备、现场准备和资金准备等。

（2）技术准备、现场准备和资金准备应满足项目分阶段（期）施工的需要。

（3）主要资源配置计划应包括劳动力配置计划和物资配置计划等。

（4）劳动力配置计划应包括下列内容：

① 确定各施工阶段（期）的总用工量；

② 根据施工总进度计划确定各施工阶段（期）的劳动力配置计划。

（5）物资配置计划应包括下列内容：

① 根据施工总进度计划确定主要工程材料和设备的配置计划；

② 根据总体施工部署和施工总进度计划确定主要施工周转材料和施工机具的配置计划。

6. 主要施工方法

（1）施工组织总设计应对项目涉及的单位（子单位）工程和主要分部（分项）工程所采用的施工方法进行简要说明。

（2）对脚手架工程、起重吊装工程、临时用水用电工程、季节性施工等专项工程所采用的施工方法应进行简要说明。

7. 施工现场平面布置

（1）施工总平面布置应符合下列原则：

① 平面布置科学合理，施工场地占用面积少；

② 合理组织运输，减少二次搬运；

③ 施工区域的划分和场地的临时占用应符合总体施工部署和施工流程的要求，减少相互干扰；

④ 充分利用既有建（构）筑物和既有设施为项目施工服务降低临时设施的建造费用；

⑤ 临时设施应方便生产和生活，办公区、生活区和生产区宜分开设置；

⑥ 符合节能、环保、安全和消防等要求；

⑦ 遵守当地主管部门和建设单位关于施工现场安全文明施工的相关规定。

（2）施工总平面布置图应符合下列要求：

① 根据项目总体施工部署，绘制现场不同施工阶段（期）的总平面布置图；

② 施工总平面布置图的绘制应符合国家相关标准要求并附必要说明。

（3）施工总平面布置图应包括下列内容：

① 项目施工用地范围内的地形状况；

② 全部拟建的建（构）筑物和其他基础设施的位置；

③ 项目施工用地范围内的加工设施、运输设施、存贮设施、供电设施、供水供热设施、排水排污设施、临时施工道路和办公、生活用房等；

④ 施工现场必备的安全、消防、保卫和环境保护等设施；

⑤ 相邻的地上、地下既有建（构）筑物及相关环境。

8. 主要施工管理计划等基本内容

管理计划应包括进度管理计划、质量管理计划、资金管理计划、环境管理计划、成本管理计划以及其他管理计划等内容。

1.4.5 施工组织设计的编制和审批规定

1. 施工组织设计的编制和审批规定

（1）施工组织设计应由项目负责人主持编制，可根据需要分阶段编制和审批。

（2）施工组织总设计应由总承包单位技术负责人审批；单位工程施工组织设计应由

施工单位技术负责人或技术负责人授权的技术人员审批，施工方案应由项目技术负责人审批；重点、难点分部（分项）工程和专项工程施工方案应由施工单位技术部门组织相关专家评审，施工单位技术负责人批准。

施工组织设计
编制和审批
（规范）

（3）由专业承包单位施工的分部（分项）工程或专项工程的施工方案，应由专业承包单位技术负责人或技术负责人授权的技术人员审批；有总承包单位时，应由总承包单位项目技术负责人核准备案。

（4）规模较大的分部（分项）工程和专项工程的施工方案应按单位工程施工组织设计进行编制和审批。

2. 施工组织设计实行动态管理

施工组织设计应实行动态管理，并符合下列规定。

（1）项目施工过程中，发生以下情况之一时，施工组织设计应及时进行修改或补充：

① 工程设计有重大修改；

② 有关法律、法规、规范和标准实施、修订和废止；

③ 主要施工方法有重大调整；

④ 主要施工资源配置有重大调整；

⑤ 施工环境有重大改变。

（2）经修改或补充的施工组织设计应重新审批后实施。

（3）项目施工前应进行施工组织设计逐级交底；项目施工过程中，应对施工组织设计的执行情况进行检查、分析并适时调整。

3. 施工组织设计归档

施工组织设计应在工程竣工验收后归档。

习　　题

1. 建设项目可分解为哪几部分？单位工程和分部工程是否为项目？为什么？

2. 我国工程基本建设程序分为哪几个阶段？

3. 施工准备工作的内容有哪些？

4. 竣工验收必须满足哪些条件？

5. 施工组织设计的作用有哪些？

2　建筑工程施工准备工作

施工准备工作，就是指工程施工前所做的一切工作。它不仅在开工前要做，开工后也要做，它有组织、有计划、有步骤、分阶段地贯穿整个工程建设。认真细致地做好施工准备工作，对充分利用各方面的积极因素，合理利用资源，加快施工速度，提高工程质量，确保施工安全，降低工程成本及获得较好的经济效益都起着重要作用。

施工准备工作的内容一般包括原始施工资料的收集和整理、技术资料准备、施工现场准备、施工现场人员准备及现场生产资料准备、季节性施工准备等。

2.1　原始施工资料的收集和整理

对一项工程涉及的自然条件和技术经济条件等施工资料进行调查研究与收集整理，是施工准备工作的一项重要内容，也是编制施工组织设计的重要依据。尤其是当施工单位进入新的城市或地方，对建设地区的技术经济条件、场地特征和社会情况不熟悉时，此项工作尤其重要。调查研究与收集资料的工作应有计划、有目的地进行，事先要拟定详细的调查提纲。其调查的范围、内容要求等应根

施工准备工作
（施工组织设计）

据拟建工程的规模、性质、复杂程度、工期以及对当地的了解程度确定。调查时，除了从建设单位、勘察设计单位、当地气象台及有关部门和单位收集资料外，还应实地勘测，并向当地居民了解情况。对调查、收集到的资料要进行归纳、整理、分析研究，对其中特别重要的资料，必须复核其真实性和可靠性。

2.1.1　自然原始资料的收集

建筑工程施工的特点是露天作业多，受自然环境影响较大，因此要做好自然原始资料的收集工作。自然条件的内容包括建设地点的气象资料，工程地形地貌，工程水文地质等。这些资料为制订施工方案、技术措施、冬雨季施工措施，进行施工平面场地布置以及现场的"七通一平"计划提供依据。自然原始资料条件调查表见表2.1。

表 2.1 自然原始资料条件调查表

序号	项目		调查内容	调查目的
1	气象资料	气温	全年各月平均气温 最高温度及月份、最低温度及月份 冬季、夏季室外温度 霜、冻、冰雹期 低于－3℃、0℃、5℃的天数和起止日期	防暑降温 全年正常施工天数 冬期施工措施 估计混凝土、砂浆养护时间
		降雨	雨季起止时间 全年降水量、一日最大降水量 全年雷暴天数、时间 全年各月平均降水量	雨期施工措施 现场排水、防洪 防雷 雨天天数估计
		风	主导风向及频率（风向玫瑰图） 全年大于或等于 8 级风的天数、时间	布置临时设施 高空作业及吊装措施
2	工程地形、地质	地形	区域地形图 工程位置地形图 工程建设地区的城市规划 控制桩、水准点的位置 地形、地质的特征 勘察文件、资料	选择施工用地 合理布置施工总平面图 计算现场平整场地工程量 障碍物及数量 拆迁和清理施工现场
		地质	钻孔布置图 地质剖面图（各层土的特征、厚度） 土质稳定性：滑坡、流砂、冲沟 地基土强度的结论，各项物理力学指标：天然含水量，孔隙比，渗透性、压缩性指标，塑性指数，地基承载力 软弱土、膨胀土、湿陷性黄土分布情况；最大冻土深度 防空洞、枯井、土坑、古墓、洞穴，地基土破坏情况 地下沟渠管网、地下构筑物	土方施工方法的选择 地基处理方法 基础、地下结构施工措施 障碍物拆除计划 基坑开挖方案

续表

序号	项目		调查内容	调查目的
2	工程地形、地质	地震	抗震设防烈度的大小	对地基、结构影响，施工注意事项
3	工程水文地质	地下水	最高、最低水位及时间 流向、流速、流量 水质分析 抽水试验、测定水量	土方施工、基础施工方案的选择 降低地下水位方法、措施 判定侵蚀性质及施工注意事项 使用、饮用地下水的可能性
		地面水（地面河流）	临近的江河、湖泊及距离 洪水、平水、枯水时期，其水位、流量、流速、航道深度，通航的可能性 水质分析	临时给水 航运组织 水工工程
		周围环境及障碍物	施工区域既有建筑物、构筑物、沟渠、水流、树木、土堆、高压输变电线路等 临近建筑坚固程度及其中工作人员工作、生活、健康状况	及时拆迁、拆除 保护工作 合理布置施工平面 合理安排施工进度

2.1.2　当地技术经济条件的收集

当地技术经济条件包括地方建筑生产企业，地方资源，交通运输，水、电、气等能源，主要设备，三大材料和特殊材料，劳动力情况等。技术经济条件调查表见表 2.2 ～表 2.8。

表 2.2　地方建筑材料及构件生产企业情况调查表

序号	企业名称	产品名称	规格质量	单位	生产能力	供应能力	生产方式	出厂价格	运距	运输方式	单位运价	备注

注：① 企业及产品名称按照构件厂，木工厂，金属结构厂，商品混凝土厂，砂石厂，建筑设备厂，砖、瓦、石灰厂等填列。

② 资料来源：当地计划、经济、建筑主管部门。

③ 调查明细：落实物资供应。

表 2.3 地方资源调查表

序号	材料名称	产地	储存量	质量	开采量	开采费	出厂价	运距	运费	供应量

注：① 材料名称按照块石、碎石、砾石、砂、工业废料（矿渣、炉渣、粉煤灰等）填列。

② 调查目的：落实地方物资准备工作。

表 2.4 地区交通运输条件调查表

序号	项目	调查内容	调查目的
1	铁路	临近铁路专用线、车站至工地的距离及沿途运输条件 站场卸货路线长度，起重能力和储存能力 装载单个货物的最大尺寸、重量的限制 运费、装卸费和装卸能力	选择施工运输方式 拟定施工运输计划
2	公路	主要材料产地至工地的公路等级，路面构造宽度及完好情况，允许最大载重量 途经桥涵等级，允许最大载重量 当地专业机构及附近村镇能提供的装卸、运输能力，汽车、畜力、人力车的数量及运输效率，运费、装卸费 当地有无汽车修配厂，修配厂的修配能力和至工地距离、路况 沿线架空电线高度	
3	航运	货源、工地至临近河流、码头渡口的距离，道路情况 洪水、平水、枯水期和封冻期通航的最大船只及吨位，取得船只的可能性 码头装卸能力，最大起重量，增设码头的可能性 渡口的渡船能力，同时可载汽车数量，每日次数，能为施工提供的运输能力 运费、渡口费、装卸费	

表 2.5 供水、供电、供气条件调查表

序号	项目	调查内容
1	给水排水	与当地现有水源连接的可能性，可供水量，接管地点、管径、管材、埋深、水压、水质、水费，至工地的距离，地形地物情况 临时供水源：利用江河、湖水的可能性，水源、水量、水质，取水方式，至工地距离，地形地物情况，临时水井位置、深度、出水量、水质 利用永久排水设施的可能性，施工排水去向、距离、坡度，有无洪水影响，既有防洪设施、排洪能力
2	供电与通信	电源位置，引入的可能性，允许供电容量、电压、导线截面、距离、电费、接线地点，至工地距离，地形地物情况 建设单位、施工单位自有发电、变电设备的规格型号、台数、能力、燃料、资料及可能性 利用临近电信设备的可能性，电话、电报局至工地距离，增设电话设备和计算机等自动化办公设备和线路的可能性
3	供气	供气来源，可供能力、数量，接管地点、管径、埋深，至工地距离，地形地物情况，供气价格，供气的正常性 建设单位、施工单位自有锅炉型号、台数、能力、所需燃料、用水水质、投资费用 当地单位、建设单位提供压缩空气、氧气的能力，至工地的距离

注：① 资料来源：当地城建、供电局、水厂等单位及建设单位。
② 调查目的：选择给水排水、供电、供气方式，作出经济比较。

表 2.6 三大材料、特殊材料及主要设备调查表

序号	项目	调查内容	调查目的
1	三大材料	钢材订货的规格、牌号、强度等级、数量和到货时间 木材料订货规格、等级、数量和到货时间 水泥订货的品种、强度等级、数量和到货时间	确定临时设施和堆放场地 确定木材加工计划 确定水泥存储方式
2	特殊材料	需要的品种、规格、数量 试制、加工和供应情况 进口材料和新材料	制订供应计划 确定储存方式
3	主要设备	主要工艺设备的名称、规格、数量和供货单位 分批和全部到货时间	确定临时设施和堆放场地 拟定防雨措施

表 2.7 建设地区社会劳动力和生活设施的调查表

序号	项目	调查内容	调查目的
1	社会劳动力	少数民族地区的风俗习惯 当地能提供的劳动力人数、技术水平、工资费用和来源 劳动力的生活安排	拟定劳动力计划 安排临时设施
2	房屋设施	必须在工地居住的单身人数和户数 能作为施工用的既有房屋栋数、面积、结构特征、总面积、位置、水、电、暖、卫、设备情况 上述建筑物的适宜用途，用作宿舍、食堂、办公室的可能性	确定既有房屋为施工服务的可能性 安排临时设施
3	周围环境	主食、副食供应，日用品供应，文化教育，消防治安等机构能为施工提供支援的能力 临近医疗单位至工地的距离，可能就医情况 当地公共汽车、邮电服务情况 周围是否存在有害气体、污染情况	安排职工生活基地，解除后顾之忧

表 2.8 参加施工的各单位能力调查表

序号	项目	调查内容
1	工人	工人数量、分工种人数，能投入本工程施工的人数 专业分工及一专多能的情况、工人队组形式 定额完成情况、工人技术水平、技术等级构成
2	管理人员	管理人员总数，所占比例 技术人员人数，专业情况，技术职称，其他人员数
3	施工机械	机械名称、型号、能力、数量、新旧程度、完好率，能投入本工程施工的情况 总装配程度（马力/全员） 分配、新购情况
4	施工经验	历年曾施工的主要工程项目、规模、结构、工期 习惯施工方法，采用过的先进施工方法，构件加工、生产能力、质量 工程质量合格情况，科研、革新成果

序号	项目	调查内容
5	经济指标	劳动生产率，年完成能力 质量、安全、降低成本情况 机械化程度 工业化程度，设备、机械的完好率、利用率

注：① 来源：参加施工的各单位。
② 目的：明确施工力量、技术素质，规划施工任务分配、安排。

2.2 技术资料准备

技术资料准备，即内业工作，它是施工准备的核心，指导着现场施工准备工作，对于保证建筑产品质量，实现安全生产，加快工程进度，提高工程经济效益都具有十分重要的意义。任何技术差错和隐患都可能引起质量事故，造成生命财产和经济的巨大损失，因此，必须重视且做好技术资料准备。技术资料准备工作的内容包括收集技术资料、图纸会审、编制中标后的施工组织设计、编制施工图预算和施工预算文件等。

2.2.1 收集技术资料

1. 建设单位和设计单位的技术资料

建设单位和设计单位提供的技术资料见表 2.9。

表 2.9 建设单位和设计单位提供的技术资料

序号	来源	资料内容	作用
1	建设单位	建设项目设计任务书、可行性研究报告 建设项目性质、规模、生产能力资料 生产工艺流程图、主要工艺设备名称资料 关于建设期限、开工竣工及投产时间资料 总概算投资、年度投资计划 施工准备工作安排计划	编制施工组织设计依据 制订主要施工方案 编制施工进度计划 规划施工总平面布置图 确定施工用地

序号	来源	资料内容	作用
2	设计单位	建设项目总平面规划 工程地质勘察资料 水文勘察资料 项目建设规模，建筑、结构、装修概况，总建筑面积、占地面积 单项（单位）工程平面位置 生产工艺图 地形图	施工现场平面布置 临时建筑的布置 计算平整场地工程量 确定基坑施工和支护方案 确定地面、地下障碍物拆除

2. 招投标相关资料

（1）招标文件及补充文件。

（2）投标文件、工程量清单及投标报价。

（3）施工组织设计、相应的施工方法和技术措施。

（4）施工合同。

3. 各种建筑法规、规范、标准、条例

（1）各种法规：《中华人民共和国民法典》《中华人民共和国建筑法》《工程建设标准强制性条文》《中华人民共和国招投标法》《中华人民共和国环境保护法》等。

（2）各种标准、规范：《建筑工程资料管理规范》（JGJ/T 185—2009）、《工程网络计划技术规程》（JGJ/T 121—2015）、《施工现场临时建筑物技术规范》（JGJ/T188—2009）、《建设工程施工现场消防安全技术规范》（GB 50720—2011）、《建筑工程施工质量验收统一标准》（GB 50300—2013）、《建筑地基基础工程施工质量验收标准》（GB 50202—2018）、《砌体结构工程施工质量验收规范》（GB 50203—2011）、《混凝土结构工程施工质量验收规范》（GB 50204—2015）、《屋面工程施工质量验收规范》（GB 50207—2012）、《地下防水工程质量验收规范》（GB 50208—2011）、《建筑地面工程施工质量验收规范》（GB 50209—2010）、《建筑装饰装修工程施工质量验收规范》（GB 50210—2018）、《混凝土结构工程施工规范》（GB 50666—2011）、《混凝土质量控制标准》（GB 50164—2011）、《建筑施工安全检查标准》（JGJ 59—2011）。

（3）各种设计规范、标准图集：《房屋建筑制图统一标准》（GB/T 50001—2017）、《民用建筑设计统一标准》（GB 50352—2019）、《建筑设计防火规范（2018 年版）》（GB 50016—2014）、《建筑内部装修设计防火规范》（GB 50222—2017）、《混凝土结构设计规范（2015 年版）》（GB 50010—2010）、《高层建筑混凝土结构技术规程》（JGJ 3—2010）、《建筑抗震设计规范（2016 年版）》（GB 50011—2010）、《混凝土结构施工

图平面整体表示方法制图规则和构造详图》、《混凝土结构施工钢筋排布规则与构造详图》、《G101系列图集常用构造三维节点详图》、《中南建筑图集》。

2.2.2　图纸会审

施工是将设想由图纸变成实物，花费的时间和费用是最多的。如果图纸制作有误，将会导致严重的后果。图纸是施工的主要依据，因此在施工之前首先要审查图纸、学习图纸、领会图纸的设计意图。施工单位收到图纸之后，先要组织施工人员学习图纸，发现图纸的错误和不合理之处，后面对图纸进行会审，解决图纸中出现的问题，确保施工安全、快速、顺利地进行。

1. 学习图纸

学习图纸的人员：由项目经理带领项目施工人员参加，由参加投标的经营人员介绍项目情况和图纸设计情况，然后由施工管理人员进行学习。学习图纸的要求如下。

（1）检查图纸完整性。设计图纸包含很多相关专业的设计，包括建筑设计图纸，结构设计图纸，水、电、气安装图纸，暖、通风安装图纸，电视、网络、智能建筑安装图纸等。施工单位拿到图纸后，首先要检查专业是否齐全，然后检查每个专业的图纸是否齐全。

（2）先粗后细。先看设计说明、总平面布置图，再看平面图、立面图、剖面图，对整个工程的概况有一个初步了解，对总的长、宽尺寸，轴线尺寸，标高、层高、总高有一个大体印象。然后再看细部做法，核对总尺寸与细部尺寸、位置、标高是否相符，门窗表中门窗型号、规格、形状、数量是否与结构相符等。

（3）先小后大。先看小样图，后看大样图。核对平面图、立面图、剖面图中标注的细部做法与大样图的做法是否相符；所采用的标准构件图集编号、类型、型号，与设计图纸是否矛盾，索引符号有无错漏之处，大样图是否齐全等。

（4）先一般后特殊。先看一般的部位和要求，后看特殊部位和要求。特殊部位一般包括地基处理的方法、变形缝的设置、防水处理要求和抗震、防火、保温、隔热、防尘、特殊装修等技术要求。

（5）先建筑后结构。先看建筑图，后看结构图。把建筑图与结构图互相对照，核对其轴线尺寸、标高是否相符，有无矛盾，查对有无遗漏尺寸，有无构造不合理之处。

（6）图纸与设计说明相结合。核对图纸与设计说明有无矛盾，规定是否明确，要求是否可行，做法是否合理。

（7）土建与安装相结合。将土建与安装各专业图纸对照起来看，核对土建与安装图纸之间有无矛盾和不符之处，预埋件、预留洞、槽的位置、尺寸是否一致，了解安装对土建的要求，以便考虑在施工中的协作配合。

（8）图纸要求与实际情况结合。核对图纸设计与实际情况是否相符，如建筑物的位置、标高、场地标高、地质情况等与实际是否相符；一些特殊工艺和要求是否能够实现。

2. 图纸自审

（1）图纸自审的组织。

由施工单位的项目经理部组织各工种人员对本工种的有关图纸进行审查，掌握和了解图纸中的细节；在此基础上，由总承包单位内部的土建与水、暖、电、通风等专业人员共同核对图纸，消除差错，协商施工配合事项；最后，总承包单位与分包单位在各自审查图纸的基础上，共同核对图纸中的差错及协商有关施工配合问题。

（2）图纸自审的内容。

① 审查拟建工程的地点，建筑总平面同国家、城市或地区规划是否一致，以及建筑物或构筑物的设计功能和使用要求是否符合环卫、防火及美化城市方面的要求。

② 审查设计图纸是否完整齐全，设计图纸和资料是否符合国家有关技术规范的要求。

③ 审查建筑、结构、设备安装图纸是否相符，有无"错、漏、碰、缺"，内部结构和工艺设备有无矛盾。

④ 审查地基处理与基础设计同拟建工程地点的工程地质和水文地质等条件是否一致，以及建筑物或构筑物与原地下构筑物及管线之间有无矛盾。深基础的防水方案是否可靠，材料设备能否解决。

⑤ 明确拟建工程的结构形式和特点，复核主要承重结构的承载力、刚度和稳定性是否满足要求，审查设计图纸中形体复杂、施工难度大和技术要求高的分部、分项工程或新结构、新材料、新工艺，在施工技术和管理水平上能否满足质量和工期要求，选用的材料、构配件、设备等能否解决。

⑥ 明确建设期限、分期分批投产或交付使用的顺序和时间，以及工程所用的主要材料、设备的数量、规格、来源和供货日期。

⑦ 明确建设单位、设计单位和施工单位等之间的协作、配合关系，以及建设单位可以提供的施工条件。

⑧ 审查设计是否考虑了施工的需要，各种结构的承载力、刚度和稳定性是否满足设置内爬式、附着式、固定式塔式起重机的使用要求。

3. 图纸会审

（1）图纸会审组织。

图纸会审一般由建设单位组织并主持会议，设计单位、施工单位、监理单位参加。对于重点工程或规模较大及结构、装修较复杂的工程，如有必要，可邀请各主管部门、消防、防疫与其他协作单位参加。

图纸会审的程序：建设单位组织并说明大概情况；设计单位对设计进行交底；施工单位对图纸提出问题；各有关单位就提出的问题发表意见，进行讨论、研究、协商，逐条解决问题并达成共识，组织会审的单位汇总形成文字文件，各参加单位签字，形成图纸会审纪要。图纸会审纪要是与施工图纸具有同等法律效力的技术文件。

图纸会审记录见表 2.10。

表 2.10　图纸会审记录

会审日期：　　　　　　年　　月　　日　　　　　　　　　　　　编号：

工程名称				共　　页
				第　　页

图纸编号	问题		会审结果	
会审单位 （公章）	建设单位	监理单位	设计单位	施工单位
参加会审 人员签名				

（2）图纸会审的内容。

① 设计是否符合国家有关方针、政策和规定。

② 设计规模、内容是否符合国家有关技术规范要求，尤其是强制性标准的要求；是否符合环境保护和消防安全的要求。

③ 建筑设计是否符合国家有关技术规范要求，尤其是强制性标准的要求；是否符合环境保护和消防安全的要求。

④ 建筑平面布置是否符合核准的按建筑红线确定的详图和现场实际情况；是否提供符合要求的永久水准点或临时水准点位置。

⑤ 图纸及说明是否齐全、清楚、明确。

⑥ 结构、建筑、设备等图纸本身及相互之间是否有错误和矛盾，图纸与说明之间有无矛盾。

⑦ 有无特殊材料或新材料要求，其品种、规格、数量是否能够满足需要。

⑧ 设计是否符合施工技术装备条件，如需采取特殊技术措施，技术上有无困难，是否能保证安全施工。

⑨ 地基处理及基础设计有无问题，建筑物与地下建筑物、管线之间有无矛盾。

⑩ 建筑物及设备的各部位尺寸、轴线位置、标高、预留孔洞及预埋件、大样图及做法说明有无错误和矛盾。

4．施工图纸的现场签证

在拟建工程施工过程中，如果发现施工的条件与设计图纸的条件不符，或者发现图纸中仍存在错误，或者因为材料的规格、质量不能满足设计要求，或者因为施工单位提出了合理化建议，需要对施工图进行及时修订的，应遵循技术核定和设计变更的签证制度，进行图纸的施工现场签证。如果设计变更的内容对拟建工程的规模、投资影响较大，应报请项目的原批准单位批准。施工现场的图纸修改、技术核定和设计变更资料，都要有正式的文字记录，归入拟建工程施工档案，作为指导施工、工程结算和竣工验收的依据。

2.2.3　编制中标后的施工组织设计

施工组织设计分为标前施工组织设计和标后施工组织设计，开工之前的准备工作就是要根据中标后获取的更多详细的实际情况编制标后施工组织设计。标后施工组织设计是指导拟建工程从施工准备到竣工验收乃至保修回访阶段的技术、经济、组织的综合性文件，也是编制施工预算、实行项目管理的依据，是施工准备工作的主要文件。标后施工组织设计是在标前施工组织设计的基础上，结合所收集的原始资料和相关信息资料，根据图纸及图纸会审情况，按照编制施工组织设计的基本原则，综合建设单位、监理单位、设计意图的具体要求进行编制，以保证工程安全顺利地完成。

标后施工组织设计的编写要求及审批规定：施工单位必须在规定的时间内完成标后施工组织设计的编制及自审，填写施工组织设计报审表，报送到项目监理单位。总监理工程师应在规定的时间内，组织专业监理工程师审查，提出审查意见后，由总监理工程师审定批准，需要施工单位修改时，由总监理工程师签发书面意见，退回到施工单位修改后再报审，总监理工程师应重新审定，已审定的施工组织设计由项目监理机构报送建设单位。施工单位按审定的施工组织设计组织施工，如需对其内容作较大改动，应在实施前将变更书面内容报送项目监理机构重新审定。对规模大、结构复杂或新结构、特种结构的工程，专业监理工程师提出审查意见后，由总监理工程师签发审查意见，必要时与建设单位协商，组织有关专家会审。

2.2.4　编制施工图预算和施工预算文件

在设计交底和图纸会审的基础上，施工组织设计已被批准，预算部门即可着手编制单位工程施工图预算和施工预算，以确定人工、材料和机械费用的支出，并确定人工数量、材料消耗数量及机械台班使用量等。

施工图预算是由施工单位主持，在拟建工程开工前的施工准备工作期间所编制的确定建筑安装工程造价的经济性文件，是施工企业签订工程承包合同、工程结算、银行拨贷款，进行企业经济核算的依据。

施工预算是根据施工图预算、施工图纸、施工组织设计或施工方案、施工定额等文件编制的企业内部的经济性文件，它直接受施工合同中合同价款的控制，是施工前的一项重要准备工作。它是施工企业内部控制各项成本支出、考核用工、签发施工任务书、限额领料，进行经济核算及经济活动分析的依据。

2.3　施工资源准备

施工资源包括劳动力组织准备、物资准备。这些资源构成工程实体的组成部分，工程是否能够保质、保量、安全、文明、按期完成，很大程度取决于这些资源的准备情况。

2.3.1　劳动力组织准备

工程项目是否能按目标完成，很大程度上取决于承担这一工程的施工人员的素质。劳动力组织准备包括施工管理层和作业层两大部分，这些人员的合理选择和配备，将直接影响到工程质量与安全、施工进度及工程成本，因此，劳动力准备是开工前施工准备的一项重要内容。

1. 项目组织机构建设

对于实行项目管理的工程，建立项目组织机构就是建立项目经理部。高效率的项目组织机构的建立，是为建设单位服务的，也为项目管理目标服务。这项工作实施的合理与否很大程度上关系到拟建工程能否顺利进行。施工企业建立项目经理部，要针对工程特点和建设单位要求，根据有关规定进行精心组织安排，认真抓实、抓细、抓好。

（1）项目组织机构的设置原则。

① 用户满意原则。施工单位的用户就是建设单位，施工单位要根据建设单位要求组建项目经理部，让建设单位满意。

② 全能配套原则。项目经理要会管理、善经营、懂技术、能公关，且要具有较强的适应能力、应变能力和开拓进取精神。项目经理部成员要有丰富的施工经验、创造精神，工作效率高。项目经理部既要合理分工，又能密切配合协作，人员配置应能满足施工项目管理的需要，满足招标文件的要求，项目经理以及其他专业负责人须具有相应的资质。

③ 精干高效原则。施工管理机构要尽量压缩管理层次，因事设职，因职选人，做到管理人员精干、一职多能、人尽其才、恪尽职守，以适应市场变化要求，避免松散、重叠、人浮于事。

④ 管理跨度原则。管理跨度过大，则鞭长莫及且心有余而力不足；管理跨度过小，则人员增多，造成资源浪费。因此，施工管理机构各层面设置是否合理，取决于确定的管理跨度是否科学，应使每一个管理层面都保持适当的工作幅度，以使各层面管理人员在职责范围内实施有效的控制。

⑤ 系统化管理原则。建设项目是由许多子系统组成的有机整体，系统内部存在大量的"结合"部，各层次的管理职能的设计要形成一个相互制约、相互联系的完整体系。

（2）项目经理部的设立步骤。

① 根据企业批准的"项目管理规划大纲"，确定项目经理部的管理任务和组织形式。

② 确定项目经理的层次，设立职能部门与工作岗位。

③ 确定人员、职责、权限。

④ 由项目经理根据"项目管理目标责任书"进行目标分解。

⑤ 组织有关人员制订规章制度和目标责任考核、奖惩措施。

（3）项目经理部的组织形式。

项目经理部的组织形式应根据施工项目的规模、结构复杂程度、专业特点、人员素质和地域范围确定，并应符合下列规定。

① 大中型项目宜按照矩阵式项目管理组织设置项目经理部。

② 远离企业管理层的大中型项目宜按事业部式项目管理组织设置项目经理部。

③ 小型项目宜按直线职能式项目管理组织设置项目经理部。

2. 组织精干的施工队伍

（1）组织施工队伍，要认真考虑专业工程的合理配合，技要工人和普通工人的比例要满足合理的劳动组织要求。按组织施工方式的要求，确定建立混合施工队组或专业施工队组及其数量。组建施工队组，要坚持合理、精干的原则，同时制订该工程的劳动力需用量计划。

（2）集合劳动力，组织劳动力进场。项目经理部确定之后，按照开工日期和劳动力需要量计划组织劳动力进场。

3. 优化劳动组合与技术培训

针对工程施工要求，强化各工种的技术培训，优化劳动组合，主要抓好以下几个方面的工作。

（1）针对工程施工难点，组织工程技术人员和工人队组中的骨干力量，进行类似工程的考察学习。

（2）做好专业工程技术培训，提高对新工艺、新材料使用操作的适应能力。

（3）强化质量意识，抓好质量教育，增强质量观念。

（4）工人队组实行优化组合、双向选择、动态管理，最大限度地调动职工的积极性。

（5）认真全面地进行施工组织设计的落实和技术交底工作。施工组织设计、计划和技术交底的目的是把施工项目的设计内容、施工计划和施工技术等要求，详尽地向施工队组和工人讲解交代。这是落实计划和技术责任制的好办法。

施工组织设计、计划和技术交底的时间在单位工程或分部工程开工前应及时进行，以保证项目严格地按照设计图纸、施工组织设计、安全操作规程和施工验收规范等要求进行施工。

施工组织设计、计划和技术交底的内容：项目的施工进度计划、月（旬）作业计划；施工组织设计，尤其是施工工艺、质量标准、安全技术措施、降低成本措施和施工验收规范的要求；新结构、新材料、新技术和新工艺的实施方案和保证措施；图纸会审中所确定的有关部位的设计变更和技术核定等事项。交底工作应该按照管理系统逐级进行，由上而下直到工人队组。交底的方式有书面形式、口头形式和现场示范等。

施工队组、工人接受施工组织设计、计划和技术交底后，要组织其成员进行认真的分析研究，弄清关键部位、质量标准、安全措施和操作要领。必要时应该进行示范，并明确任务，做好分工协作，同时建立健全岗位责任制和保证措施。

（6）切实抓好施工安全、安全防火和文明施工等方面的教育。

4. 建立健全各项管理制度

工地的各项管理制度是否建立、健全，直接影响其各项施工活动能否顺利进行。有章不循，其后果是严重的，而无章可循更危险。为此必须建立、健全工地的各项管理制度。通常，其内容如下：项目管理人员岗位责任制度；项目技术管理制度；项目质量管理制度；项目安全管理制度；项目计划、统计与进度控制制度；项目成本核算制度；项目材料、机械设备管理制度；项目现场管理制度；项目分配与奖励制度；项目例会及施工日志制度；项目分包及劳务管理制度；项目组织协调制度；项目信息管理制度。项目经理部自行制订的规章制度与企业先行的有关规定不一致时，应报送企业或其授权的职能部门批准。

5. 做好分包工作

对于本企业难以承担的一些专业项目，如深基础开挖和支护、大型结构安装和设备安装、装饰装修项目，应及早做好分包或劳务安排，与有关单位协调，签订分包合同或劳务分包合同，保证按计划施工。

6. 组织好科研攻关

凡工程中采用带有试验性质的一些新材料、新产品、新工艺项目，应在建设单位主管部门的参加下，组织有关设计、科研、教学单位共同进行科研工作。要明确相互承担的试验项目、工作步骤、时间要求、经费来源和职责分工。所有科研项目，必须经过技术鉴定后再用于施工。

2.3.2 物资准备

施工物资准备是指施工中必须有的劳动手段（施工机械、工具）和劳动对象（材料、配件、构件）等的准备，是一项较为复杂而细致的工作。建筑施工所需的材料、构（配）件、机具和设备品种多且数量大，能否保证按计划供应，对整个施工过程的工期、质量和成本有着举足轻重的作用。各种施工物资只有运到现场并有必要的储备后，才具备开工的必要条件。因此，要将这项工作作为施工准备工作的一个重要方面。施工管理人员应尽早地计算出各阶段对材料、施工机械、设备、工具等的需用量，并说明供应单位、交货地点、运输方式等，特别是对预制构件，必须尽早地从施工图中摘录出构件的规格、质量、品种和数量，制表造册，向预制加工厂订货并确定分批交货清单、交货地点及时间，对大型施工机械、辅助机械及设备要精确计算工作日，并确定进场时间，做到进场后立即使用，用毕后立即退场，提高机械利用率，节省机械台班费及停留费。

物资准备的具体内容有材料准备、构配件及设备加工订货准备、施工机具准备、生产工艺设备准备、运输设备和施工物资价格管理等。

1. 材料准备

（1）根据施工方案中的施工进度计划和施工预算中的工料分析，编制工程所需材料用量计划，作为备料、供料和确定仓库、堆场面积及组织运输的依据。

（2）根据材料需用量计划，做好材料的申请、订货和采购工作，使计划得到落实。

（3）组织材料按计划进场，按施工平面图和相应位置堆放，并做好合理储备、保管工作。

2. 构配件及设备加工订货准备

（1）根据施工进度计划及施工预算所提供的各种构配件及设备数量，做好加工翻样工作，并编制相应的需用量计划。

（2）根据需用计划，向有关厂家提出加工订货计划要求，并签订订货合同。

（3）组织构配件和设备按计划进场，按施工平面布置图做好存放及保管工作。

3. 施工机具准备

（1）各种土方机械，混凝土、砂浆搅拌设备，垂直及水平运输机械，钢筋加工设备，木工机械、焊接设备，打夯机，排水设备等，应根据施工方案、对施工机具配备的要求、数量以及施工进度安排，编制施工机具需用量计划。

（2）拟由本企业内部负责解决的施工机具，应根据需用量计划组织落实，确保按期供应。

（3）对施工企业缺少且需要的施工机具，应与有关方面签订订购和租赁合同，以保证施工需要。

（4）对于大型施工机械（如塔式起重机、挖土机、桩基设备等）的需求量和时间，应与有关方面（专业分包单位）联系，提出要求，在落实后签订有关分包合同，并为大型机械按期进场做好现场有关准备工作。

（5）安装、调试施工机具，按照施工机具需用量计划，组织施工机具进场，根据施工总平面图将施工机具安置在规定的地方。对施工机具要进行就位、搭棚、接电源、保养、调试工作。对所有施工机具都必须在使用前进行检查和试运转。

4. 生产工艺设备准备

订购生产用的生产工艺设备，要注意交货时间与土建进度密切配合。某些庞大设备的安装往往要与土建施工穿插进行，土建全部完成或封顶后，安装会有困难，故各种设备的交货时间要与安装时间密切配合，它将直接影响建设工期。准备时应按照施工项目工艺流程及工艺设备的布置图，提出工艺设备的名称、型号、生产能力和需要量，确定分期分批进场时间和保管方式，编制工艺设备需要量计划，为组织运输、确定堆场面积提供依据。

5. 运输准备

（1）根据上述四项需用量计划，编制运输需用量计划，并组织落实运输工具。

（2）按照上述四项需用量计划明确的进场日期，联系和调配所需运输工具，确保材料、构（配）件和机具设备按期进场。

6. 强化施工物资价格管理

（1）建立市场信息制度，定期收集、披露市场物资价格信息，提高透明度。

（2）在市场价格信息指导下，"货比三家"，择优进货；对大宗物资的采购要采取招标采购方式，在保证物资质量和工程质量的前提下，降低成本、提高效益。

2.4 施工现场准备

施工现场是施工的全体参加者为了完成优质、高速、低耗的目标，有节奏、均衡、连续地进行战术决策的活动空间。施工现场的准备工作，主要是为了给施工项目创造有利的施工条件，是保证工程按计划开工和顺利进行的重要环节。

2.4.1 现场准备工作的范围及各方职责

施工现场准备工作由两个方面组成：一是建设单位应完成的施工现场准备工作；二是施工单位应完成的施工现场准备工作。建设单位与施工单位的施工现场准备工作均就绪时，施工现场就具备了施工条件。

1. 建设单位施工现场准备工作

建设单位要按合同条款约定的内容和时间完成以下工作。

（1）办理土地征用、拆迁补偿、平整施工场地等工作，使施工场地具备施工条件，在开工后继续负责解决以上事项遗留问题。

（2）将施工所需水、电、通信线路从施工场地外部接至专用条款约定地点，保证施工期间的需要。

（3）开通施工现场场地与城乡公共道路的通道，以及专用条款约定的施工场地内的主要道路，满足施工运输的需要，保证施工期间现场场地的畅通。

（4）向承包人提供施工场地的工程地质和地下管线资料，对资料的真实准确性负责。

（5）办理施工许可证及其他施工所需证件、批件和临时用地、停水、停电、中断道路交通、爆破作业等的申请批准手续（承包人自身资质证件除外）。

（6）确定水准点与坐标控制点，以书面形式交给承包人，进行现场交验。

（7）协调处理施工场地周围的地下管线和邻近建筑物、构筑物（包括文物保护建筑）、古树名木的保护工作，并承担相关费用。

上述施工现场准备工作，承发包双方也可在合同专用条款内约定交由施工单位完成，其费用由建设单位承担。

2．施工单位现场准备工作

施工单位现场准备工作即通常所说的室外准备，施工单位应按合同条款中约定的内容和施工组织设计的要求完成以下工作。

（1）根据工程需要，提供和维修非夜间施工使用的照明、围栏设施，并负责安全保卫。

（2）按专用条款约定的数量和要求，向发包人提供施工场地办公和生活的房屋及设施，发包人承担由此发生的费用。

（3）遵守政府有关主管部门对于施工场地交通、施工噪声以及环境保护和安全生产等方面的规定，按规定办理相关手续，并以书面形式通知发包人，发包人承担由此发生的费用，因承包人责任造成的罚款除外。

（4）按专用条款约定做好施工场地地下管线和邻近建筑物、构筑物（包括文物保护建筑）、古树名木的保护工作。

（5）保证施工场地清洁卫生符合环境卫生管理的规定。

（6）建立测量控制网。

（7）工程用地范围内的"七通一平"，其中平整场地工作应由建设单位承担，但建设单位也可以要求施工单位完成，费用由建设单位承担。

（8）搭设现场生活和生产用的临时设施。

2.4.2　拆除障碍物

施工现场内的一切地上、地下障碍物，都应在开工前拆除。这项工作一般由建设单位完成，但也可委托施工单位完成。如果由施工单位来完成这项工作，一定要事先摸清现场情况，尤其是在老城区中，由于既有建筑物和构筑物情况复杂，而且往往资料不全，在拆除前需要采取相应的措施，防止发生事故。

对于房屋的拆除，一般只要把水源、电源切断后即可进行拆除。若房屋较大、较坚固，且采用爆破的方法，必须经有关部门批准，需要由专业的爆破作业人员负责。

架空电线（电力、通信）、地下线缆（电力、通信）的拆除，要与电力部门或通信部门联系，并办理有关手续后方可进行。

自来水、污水、燃气、热力等管线的拆除，都应与有关部门取得联系，办好手续后由专业公司完成。

场地内若有树木，须报园林部门批准后方可砍伐。

拆除障碍物留下的渣土等杂物都应清除出场外。运输时，应遵守交通、环保部门的有关规定，运土的车辆要按指定的路线和时间行驶，并采取封闭运输车或在渣土上直接洒水等措施，以免渣土飞扬造成环境污染。

2.4.3 建立测量控制网

建筑施工工期长，现场情况变化大，因此保证控制网点的稳定、正确，是确保建筑施工质量的先决条件，特别是在城区建设，障碍多、通视条件差，给测量工作带来一定的难度，施工时应根据建设单位提供的由规划部门给定的永久性坐标和高程，按建筑总平面图的要求，进行现场控制网点的测量，妥善设立现场永久性标桩，为施工全过程的投测创造条件。控制网一般采用方格网，这些网点的位置应视工程范围的大小和控制精度而定。建筑方格网多由 100～200m 的矩形组成，如果土方工程需要，还应测绘地形图，通常这项工作由专业的测量队完成，但施工单位还需要根据施工的具体需要做一些加密网点等补充工作。

在测量放线时，应校验和校正经纬仪、水准仪、全站仪、钢尺等测量仪器；校核结线桩和水准点，制订切实可行的测量方案，包括平面控制、标高控制、沉降观测和竣工测量等工作。

建筑物定位放线，一般通过设计图中平面控制轴线来确定建筑物位置，测定并经自检合格后提交有关部门和建设单位或监理人员验线，以保证定位的准确性。沿红线的建筑物放线后，还要由城市规划部门验线，以防止建筑物压红线或超红线，为正常顺利地施工创造条件。

2.4.4 "七通一平"

"七通一平"包括在工程用地范围内，接通施工用水、用电、道路、电信、燃气，排水、排污畅通，以及施工场地平整。

1. 水通

施工现场的水通，包括生产、生活与消防用水，按施工总平面图的规划进行，施工给水尽可能与永久性的给水系统结合起来。临时管线的铺设，既要满足施工用水的需用量，又要施工方便，并且尽量缩短管线的长度，降低施工成本。

2. 电通

电是施工现场的主要动力来源，施工现场用电包括施工生产用电和生活用电。由于建筑工程施工供电面积大、启动电流大、负荷变化多和手持式用电机具多，施工现场临时用电要考虑安全和节能措施。开工前，要按照施工组织设计的要求，接通电力设施，电源应首先考虑从市政供电网接入，如供电能力不能满足施工用电需求，则应考虑在施工现场建立自备发电系统，确保施工现场动力设备的正常运行。

3. 路通

施工现场的道路是组织物资进场的"动脉"，拟建工程开工前，必须按照施工总平面图的要求，修建必要的临时性道路，为了节约临时工程费用，缩短施工准备工作时间，尽量利用原有道路设施或拟建永久性道路解决现场道路问题，形成畅通的运输网络，保证运输和消防用车的行驶畅通。

4. 排水通

施工现场的排水十分重要，特别在雨季，如场地排水不畅，会影响到施工和运输的顺利进行。高层建筑的基坑深、面积大，施工往往要经历雨季，应做好基坑周围挡土支护工作，防止坑外雨水向坑内汇流，做好基坑底部雨水的排放工作。

5. 排污通

施工现场的污水排放会直接影响到城市的环境卫生，由于环境保护的要求，有些污水不能直接排放，需要进行处理后方可排放。因此，现场的排污也是一项重要工作。

6. 电信通

随着信息化管理的日益频繁，施工现场需要电信、网络的畅通，施工现场通信、网络在开工之前要接通并试运行使用正常。

7. 蒸汽及燃气通

一些大型工程的施工现场需要用到蒸汽和燃气，应按施工组织设计的要求进行安装，保证施工的顺利进行。

8. 场地平整

场地平整指将需要进行施工的现场（红线范围内）的自然地面，通过人工或机械挖填平整改造成为设计需要的平面，使得施工现场基本平整，满足测量建筑物的坐标、标高、施工现场抄平放线的需要。

2.4.5　搭设临时设施

施工现场生活和生产用的临时设施，应按照施工平面布置图的要求进行，临时建筑平面图及主要房屋结构图都应报请城市规划、市政、消防、交通、环境保护等有关部门审查批准。

为了施工方便和行人的安全及文明施工，应用围墙将施工用地围护起来，围墙的形式、材料和高度应符合市容管理的有关规定和要求，并在主要出入口设置标牌挂图，标明工程项目名称、施工单位、项目负责人等。

所有生产及生活用临时设施，包括各种仓库、搅拌站、加工厂、作业棚、宿舍、办公用房、食堂、文化生活设施等，均应按批准的施工组织设计的要求组织搭设，并尽可能利用施工现场或附近原有设施（包括要拆迁但可以临时利用的建筑物）和在建工程本身供施工使用的部分用房，尽可能减少临时设施的数量，以便节约用地，节省投资。

2.5 季节性施工准备

建筑工程施工绝大部分工作是露天作业，冬季、雨季以及夏季等特殊天气对施工影响较大，可能会影响到工程质量和安全，必须从具体条件出发，正确选择施工方法，做好季节性施工准备工作，保证工程按期、保质、安全完成，并取得较好的技术经济效果。

2.5.1 冬期施工准备

1. 组织措施

（1）合理安排施工进度计划。冬季施工条件差，技术要求高，施工费用增加，因此，要合理安排施工进度计划，尽量安排能保证施工质量且费用增加不多的项目在冬季施工，如吊装、打桩、室内装饰装修等工程；而费用增加较多又不容易保证施工质量的项目则不宜安排在冬季施工，如土方、基础、外装修、屋面防水等工程。

建筑工程冬期
施工规程

（2）进行冬季施工的工程项目，在入冬前应组织编制冬季施工方案，结合工程实际及施工经验等进行，冬季施工方案应包括施工顺序，施工方法，现场布置，设备、材料、能源、工具的供应计划，安全防火措施，测温制度和质量检查制度等。方案确定后，要组织有关人员学习，并向施工队组进行交底。

（3）组织人员培训。进入冬季施工前，对掺外加剂人员、测温保温人员、锅炉司炉工和锅炉管理人员，应专门组织技术业务培训，学习工作范围内的有关知识，明确职责，经考试合格后，方准上岗工作。

（4）与当地气象台（站）保持联系，及时接收天气预报，防止寒流突然袭击。

（5）安排专人测量施工期间的室外气温、暖棚内气温、砂浆温度、混凝土温度，并做好记录。

2. 图纸准备

凡进行冬季施工的工程项目，必须复核施工图纸，核查其是否能适应冬季施工要求。如墙体的高厚比、横墙间距等有关结构稳定性，现浇改为预制，以及工程结构能否在寒冷状态下安全过冬等问题，应通过图纸会审解决。

3. 现场准备

（1）根据实物工程量提前组织有关机具、外加剂和保温材料、测温材料进场。

（2）搭建加热用的锅炉房、搅拌站，敷设管道，对锅炉进行试火试压，对各种加热的材料、设备要检查其安全可靠性。

（3）计算变压器容量，接通电源。

（4）对工地的临时排水、给水管道及石灰膏等材料做好保温防冻工作，防止道路积水结冰，及时清扫积雪，保证运输畅通。

（5）做好冬季施工混凝土、砂浆及掺外加剂的试配试验工作，提出施工配合比。

（6）做好室内施工项目的保温工作，如先完成供热系统，安装好门窗玻璃等，以保证室内其他项目能顺利施工。

4. 安全与防火

（1）冬季施工时，要采取防滑措施。

（2）大雪后必须将脚手架上的积雪清扫干净，并进行检查，如有松动下沉现象，应及时处理。

（3）施工时如接触气源、热水，要防止烫伤；使用氯化钙、漂白粉时，要防止腐蚀皮肤。

（4）亚硝酸钠有剧毒，要严加保管，防止突发性误食中毒。

（5）对现场火源要加强管理；使用天然气、煤气时，要防止爆炸；使用焦炭炉、煤炉或天然气、煤气时，应注意通风换气，防止煤气中毒。

（6）电源开关、控制箱等设施要加锁，并设专人负责管理，防止漏电、触电。

2.5.2　雨季施工准备

1. 合理安排雨季施工

为避免雨季窝工造成损失，一般情况下，在雨季到来之前，应尽量完成基础、地下工程、土方工程、室外及屋面工程等不宜在雨季施工的项目；多留室内工程在雨季施工。

2. 加强施工管理，做好雨季施工安全教育

要认真编制雨季施工技术措施（如雨季前后的沉降观测措施，保证防水层雨季施工质量的措施，保证混凝土配合比、浇筑质量的措施，钢筋除锈的措施等），并贯彻实施。加强对职工的安全教育，防止各种事故发生。

3. 防洪排涝，做好现场排水工作

工程地点若在河流附近，上游有大面积山地、丘陵，应做好防洪排涝工作。施工现场雨季来临前，应做好排水沟渠的开挖工作，准备好抽水设备，防止场地积水或地沟、基槽、地下室等浸水，对工程施工造成损失。

4. 做好道路维护，保证运输畅通

雨季前应检查道路边坡排水情况，适当提高路面，防止路面凹陷，保证运输畅通。

5. 做好物资的储运工作

雨季到来前，应多储存物资，减少雨期运输量，以节约费用。要准备必要的防雨器

材，库房四周要有排水沟渠，防止物资淋雨浸水而变质，仓库要做好地面防潮和屋面防漏雨措施。

6. 做好机具设备等防护工作

雨季施工，对现场的各种设施、机具要加强检查，特别是对脚手架、垂直运输设施等，要采取防倒塌、防雷击、防漏电等一系列技术措施，现场机具设备（焊机、电闸箱等）要有防雨措施。

2.5.3 夏季施工准备

1. 编制夏季施工项目的施工方案

夏季施工条件差、气温高、干燥，针对夏季施工的这一特点，对于安排在夏季施工的项目，应编制夏季使用的施工方案及采取的技术措施。如大体积混凝土在夏季施工，必须合理选择浇筑时间，做好测温和养护工作，以保证大体积混凝土的施工质量。

2. 现场防雷准备

夏季经常有雷雨天气，工地现场应有防雷装置，特别是高层建筑和脚手架等要按规定设临时避雷装置，并确保工地现场用电设备的安全运行。

3. 施工人员防暑降温工作的准备

夏季施工还必须做好施工人员的防暑降温工作，调整作息时间，从事高温工作的场所及通风不良的地方应加强通风和降温措施，做到安全施工。

2.6 施工准备工作计划与开工报告

2.6.1 施工准备工作计划

为了落实各项施工准备工作，加强检查和监督，必须根据各项施工准备工作的内容、时间和人员，编制施工准备工作计划表，见表 2.11。

表 2.11 施工准备工作计划表

序号	施工准备工作	简要内容	要求	负责单位	负责人	配合单位	起止日期		备注
							月 日	月 日	

由于各项施工准备工作不是分离的、孤立的，而是互相补充、互相配合的，为了提高施工准备工作的质量，加快施工准备工作的速度，除按表 2.11 编制施工准备工作计划表外，还可采用编制施工准备工作网络计划的方法，以明确各项准备工作之间的逻辑关系，找出关键线路，并在网络计划图上进行施工准备工期的调整，尽量缩短准备工作的时间，使各项工作有领导、有组织、有计划和分期分批地进行。

2.6.2 开工报告

1. 准备开工

施工准备工作计划编制完成后，应进行落实和检查到位情况。因此，开工前应建立严格的施工准备工作责任制和施工准备工作检查制度，不断调整施工准备工作计划，把开工前的准备工作落到实处。工程开工还应具备相关开工条件和遵循工程基本建设程序，才能填写工程开工报审表，其格式见表 2.12。

表 2.12　工程开工报审表

工程名称：　　　　　　　　　　　　　　　　　　　　　　　编号：

致： 　　我方承担的＿＿＿＿＿＿工程，已完成了以下各项工作，具备了开工/复工条件，特此申请施工，请核查并签发开工/复工指令。 　　附：1. 开工/复工报告 　　　　2. 开工/复工文件证明材料 　　　　　　　　　　　　　　　　　承包单位（章）＿＿＿＿＿＿ 　　　　　　　　　　　　　　　　　　　项目经理＿＿＿＿＿＿ 　　　　　　　　　　　　　　　　　　　日　　期＿＿＿＿＿＿
审查意见：   　　　　　　　　　　　　　　　　　项目监理机构（章）＿＿＿＿＿＿ 　　　　　　　　　　　　　　　　　　项目监理工程师＿＿＿＿＿＿ 　　　　　　　　　　　　　　　　　　　日　　期＿＿＿＿＿＿

2. 开工条件

建设单位申请领取施工许可证，应当具备下列条件。

（1）依法应当办理用地批准手续的，已经办理该建筑工程用地批准手续。

（2）在城市、镇规划区的建筑工程，已经取得建设工程规划许可证。

（3）施工场地已经基本具备施工条件，需要征收房屋的，其进度符合施工要求。

（4）已经确定施工企业。按照规定应当招标的工程没有招标，应当公开招标的工程没有公开招标，或者肢解发包工程，以及将工程发包给不具备相应资质条件的企业的，所确定的施工企业无效。

（5）有满足施工需要的技术资料，施工图设计文件已按规定审查合格。

（6）有保证工程质量和安全的具体措施。施工企业编制的施工组织设计中有根据建筑工程特点制订的相应质量、安全技术措施。建立工程质量安全责任制并落实到人。专业性较强的工程项目编制了专项质量、安全使用组织设计，并按照规定办理了工程质量、安全监督手续。

（7）按照规定应当委托监理的工程已委托监理。

（8）建设资金已经落实。建设工期不足一年的，到位资金原则上不得少于工程合同价的50%，建设工期超过一年的，到位资金原则上不得少于工程合同价的30%。建设单位应当提供本单位截至申请之日无拖欠工程款情形的承诺书或者能够表明其无拖欠工程款情形的其他材料，以及银行出具的到位资金证明，有条件的可以实行银行付款保函或者其他第三方担保。

（9）法律、行政法规规定的其他条件。

县级以上地方人民政府住房城乡建设主管部门不得违反法律法规的规定，增设办理施工许可证的其他条件。

3. 申请办理施工许可证的程序

（1）建设单位向发证机关领取"建筑工程施工许可证申请表"。

（2）建设单位持加盖单位及法定代表人印鉴的"建筑工程施工许可证申请表"，并附开工条件具备条件规定的文件，向发证机关提出申请。

（3）发证机关在收到建设单位报送的"建筑工程施工许可证申请表"和所附证明文件后，对于符合条件的，应当自收到申请之日起15日内颁发施工许可证；对于证明文件不齐全或者失效的，应当当场或者自收到申请之日起5日内一次告知建设单位需要补正的全部内容，审批时间可以自证明文件补正齐全后作相应顺延；对于不符合条件的，应当自收到申请之日起15日内书面通知建设单位，并说明理由。

建筑工程在施工过程中，建设单位或者施工单位发生变更的，应当重新申请领取施工许可证。

习　题

1. 图纸会审的程序和内容是什么？
2. "七通一平"的具体内容是什么？
3. 申领施工许可证应具备的条件有哪些？

3 施 工 方 案

施工方案的
内容（规范）

3.1 施工方案的制订

施工方案的制订是一个综合、全面的分析和对比决策的过程，既要考虑施工的技术措施，又必须考虑相应的施工组织措施。正确选择施工方法和施工机械是制订施工方案的关键。单位工程各个分部分项工程均可采用各种不同的施工方法和施工机械进行施工，而每一种施工方法和施工机械又都有其优缺点。因此，我们必须从先进、经济、合理的角度出发，选择施工方法和施工机械，以达到提高工程质量、降低工程成本、提高劳动生产率和加快工程进度的预期效果。在单位工程施工中，施工方法和施工机械的选择主要应根据工程建筑结构特点、质量要求、工期长短、资源供应条件、现场施工条件、施工单位的技术装备水平和管理水平等因素综合考虑。

施工方案是施工组织设计的核心，其制订步骤如下。

（1）熟悉工程文件和资料。制订施工方案之前，应广泛收集工程有关文件及资料，包括政府的批文、有关政策和法规、业主方的有关要求、设计文件、技术和经济等方面的文件和资料，当缺乏某些技术参数时，应进行工程试验以取得第一手资料。

（2）划分施工过程。划分施工过程是进行施工管理的基础工作。施工过程划分的方法可以与项目分解结构、工作分解结构结合进行。施工过程划分后，就可对各个施工过程的技术进行分析。

（3）计算工程量。计算工程量应结合施工方案按工程量计算规则进行。

（4）确定施工顺序和流向。施工顺序和流向的安排应符合施工的客观规律，并且处理好各施工过程之间的关系和相互影响。

（5）选择施工方法和施工机械。拟订施工方法时，应着重考虑影响整个单位工程施工的分部分项工程的施工方法，对于常规做法的分项工程则不必详细拟订。在选择施工机械时，应首先选择主导工程的机械，然后根据建筑特点及材料、构件种类配备辅助机械。最后确定与施工机械相配套的专用工具设备。例如，垂直运输机械的选择，它直接影响工程的施工进度。一般根据标准层垂直运输量来编制垂直运输量表，然后据此选择垂直运输方式和机械数量，再确定水平运输方式和与之配套的辅助机械数量，最后布置运输设施的位置及水平运输路线。

（6）确定关键技术路线。关键技术路线的确定是对工程环境和条件及各种技术选择的综合分析的结果。关键技术路线是指在大型、复杂工程中对工程质量、工期、成本影响较大，且施工难度又大的分部分项工程中所采用的施工技术的方向和途径，包括施工所采取的技术指导思想、综合的系统施工方法及重要的技术措施等。

大型工程关键技术难点往往不止一个。这些关键技术是工程中的主要矛盾，关键技术路线正确应用与否，直接影响到工程的质量、安全、工期和成本。施工方案的制订应紧紧抓住施工过程中的各个关键技术路线的制订。例如，在高层建筑施工方案制订时，应着重考虑如下的关键技术问题：深基坑的开挖及支护体系，高耸结构混凝土的输送及浇捣，高耸结构垂直运输，结构平面复杂的模板体系，高层建筑的测量，机电设备的安装和装修的交叉施工安排等。

3.2　施工方法和施工机械

3.2.1　施工方法的选择

主要的施工方法是指单位工程中主要分部分项工程或专项工程的施工手段和工艺，属于施工方案技术方面的内容。

1. 施工方法的主要内容

拟订主要的操作过程和方法，包括施工机械的选择、提出质量要求和达到质量要求的技术措施、制订切实可行的安全施工措施等。

2. 确定施工方法的要求

施工项目施工过程中，施工方法的选择应依据施工项目的建筑结构特点、工程量大小、施工工期长短、资源供应条件、现场施工条件、项目经理部的技术装备水平和管理水平等因素综合考虑。一般应符合以下要求。

（1）应考虑主要分部分项工程施工的要求。应从施工项目施工全局出发，着重考虑影响整个施工项目施工的主要分部分项工程的施工方法的选择。而对于一般的、常见的、工人熟悉或工程量不大的，以及与施工全局和施工工期无多大影响的分部分项工程，可以不必详细选择，只要针对分部分项工程施工特点，提出若干应注意的问题和要求就可以了。

（2）应满足施工技术的要求。施工方法的选择，必须满足施工技术的要求。

（3）应符合提高工厂化、机械化程度的要求。施工项目施工，原则上应尽可能实现和提高工厂化施工方法和机械化施工程度。

（4）应符合先进、合理、可行、经济的要求。

（5）应满足质量、安全、成本、工期的要求。

3. 确定施工方法应遵循的原则

（1）反映主要分部分项工程或专项工程采用的施工手段和工艺，具体反映施工中的工艺方法、工艺流程、操作要点和工艺标准，以及对机具的选择与质量检验等内容。

（2）施工方法的确定应体现先进性、经济性和适用性。施工方法的确定应着重于各施工方法的技术经济比较，力求达到技术上先进，施工上方便、可行，经济上合理的目的。

（3）编写深度方面，要对每个分项工程的施工方法进行宏观的描述，要体现宏观指导性，原则性内容应表达清楚，决策要简练。

4. 确定主要施工方法要点

单位工程施工的主要施工方法不但包括各主要分部分项工程施工方法的内容（如土方工程、基础、模板、钢筋、混凝土、结构安装、装饰、垂直运输和设备安装等），还包括测量放线、脚手架和季节性施工等专项施工方法。

（1）测量放线。

施工测量是建筑工程施工中的基础工作，是各施工阶段中的先导性工序，是保证工程的平面位置、高程、竖向和几何形状符合设计要求和施工要求的依据。

① 平面控制测量：说明轴线控制的依据及引至现场的轴线控制点位置；确定地下部分平面轴线的投测方法；确定地上部分平面轴线的投测方法。

② 高程控制测量：建立高程控制网，说明标高引测的依据及引至现场的标高的位置，确定高程传递的方法，明确垂直度控制的方法。

③ 说明对控制桩的保护要求。

④ 明确测量控制精度。

⑤ 沉降观测。当设计或相关标准有明确要求时，或当施工中需要进行沉降观测时，应确定观测部位、观测时间及精度要求。沉降观测工作一般由建设单位委托有资质的专业测量单位完成，由施工单位配合。

⑥ 质量保证要求。提出保证施工测量质量的要求。

（2）土石方工程。

① 挖土方法。根据土方量大小，确定采用人工挖土还是机械挖土。当采用人工挖土时，应按进度要求确定劳动力人数，分区分段施工。当采用机械挖土时，应选择机械挖土的方式，再确定挖土机的型号、数量，机械开挖方向与路线，人工如何配合修整基底、边坡。

② 地面水、地下水的排除方法。确定排水沟渠、集水井、井点的布置及相应设备的型号、数量。

③ 挖深基坑方法。应根据土质类别及场地周围情况确定边坡的放坡坡度或土壁的支撑形式和搭设方法，确保安全。

④ 石方施工。确定石方的爆破方法及所需机具、材料。

⑤ 地形较复杂的场地平整。进行土方平衡计算，绘制平衡调配表。

⑥ 确定运输方式、运输机械型号及数量。

⑦ 土方回填的方法、填土压实的要求及机具选择。

⑧ 地基处理的方法（换填地基、夯实地基、挤密桩地基、注浆地基等）及相应的材料、机具、设备。

（3）基础工程。

① 浅基础。垫层、钢筋混凝土基础施工的技术要求。

② 地下防水工程。应根据防水方法（混凝土结构自防水、水泥砂浆抹面防水、卷材防水、涂料防水）确定用料要求和相关技术措施等。

③ 桩基。明确施工机械型号、入土方法和入土深度控制、检测、质量要求等。

④ 当基础的深浅不同时，应确定基础施工的先后顺序、标高控制、质量安全措施等。

⑤ 各种变形缝。确定留设方法及注意事项。

⑥ 混凝土基础施工缝。确定留置位置及技术要求。

（4）钢筋混凝土工程。

① 模板的类型和支模方法的确定。根据不同的结构类型，现场施工条件和企业实际施工设备，确定模板种类、支撑方法和施工方法，并分别列出采用的项目、部位、数量，明确加工制作的分工，对于复杂工程，还需进行模板设计及绘制模板放样图。模板工程应向工具化方向努力，推广快速脱模，提高周转利用率。采取分段流水工艺，减少模板一次投入量。同时，确定模板供应渠道（租用或内部调拨）。

② 钢筋的加工、运输和安装方法的确定。明确构件厂或现场加工的范围（如成型程度是加工成单根、网片或骨架）；明确除锈、调直、切断、弯曲成型的方法；明确钢筋冷拉、加预应力的方法；明确焊接方法（如电弧焊、对焊、点焊、气压焊等）或机械连接方法（如锥螺纹、直螺纹等）；明确钢筋运输和安装的方法；明确相应机具设备型号、数量。

③ 混凝土搅拌和运输方法的确定。若当地有预拌混凝土供应，首先应采用预拌混凝土，否则，应根据混凝土工程量大小，合理选用搅拌方式，是集中搅拌还是分散搅拌；选用搅拌机型号、数量；进行配合比设计；确定掺合料、外加剂的品种数量；确定砂石筛选、计量和后台上料方法；确定混凝土运输方法。

④ 混凝土的浇筑。确定浇筑顺序、施工缝位置、分层高度、工作班制、浇捣方法、养护制度及相应机械工具的型号、数量。

⑤ 冬期或高温条件下浇筑混凝土。应制订相应的防冻或降温措施，落实测温工作，明确外加剂品种、数量和控制方法。

⑥ 浇筑大体积混凝土。应制订防止温度裂缝的措施，落实测量孔的设置和测温记录等工作。

⑦ 有防水要求的特殊混凝土工程，应事先做好防渗等试验工作，明确用料和施工操作等要求。

⑧ 装配式单层工业厂房的牛腿柱和屋架等大型的在现场预制的钢筋混凝土构件，应事先确定柱与屋架现场预制平面布置图。

（5）砌体工程。

① 砌体的组砌方法和质量要求，皮数杆的控制要求，施工段和劳动力组合形式等。

② 砌体与钢筋混凝土构造柱、梁、圈梁、楼板、阳台、楼梯等构件的连接要求。

③ 配筋砌体工程的施工要求。

④ 砌筑砂浆的配合比计算，原材料要求及拌制和使用时的要求。

（6）结构安装工程。

① 选择吊装机械的类型和数量。须根据建筑物外形尺寸，所吊装构件外形尺寸、位置、重量、起重高度，工程量和工期，现场条件，吊装工地的拥挤程度与吊装机械通向建筑工地的可能性，工地上可能获得吊装机械的类型等条件来确定。

② 确定吊装方法。安排吊装顺序、机械位置和行驶路线以及构件拼装办法及场地。

③ 有些跨度大的建筑物的构件吊装，应认真制订吊装工艺，设定构件吊点位置，确定吊索的长短及夹角大小，起吊和扶正时的临时稳固措施、垂直度测量方法等。

④ 构件运输、装卸、堆放办法以及所需的机具设备（如平板拖车、载重汽车、卷扬机及架子车等）型号、数量和对运输道路的要求。

⑤ 吊装工程准备工作内容，起重机行走路线压实加固，各种吊具临时加固，电焊机等要求以及与吊装有关的技术措施。

（7）屋面工程。

① 屋面各个分项工程（如卷材防水屋面一般有找平层、隔汽层、保温层、防水层、保护层或使用面层等分项工程，刚性防水屋面一般有隔离层、刚性防水层等分项工程）的各层材料，特别是防水材料的质量要求、施工操作要求。

② 屋盖系统的各种节点部位及各种接缝的密封防水施工。

③ 屋面材料的运输方式。

（8）外墙保温工程。

① 说明外墙的保温类型及部位。

② 主要的施工方法及技术要求。

③ 明确外墙保温板施工完成后的现场试验要求。

④ 明确保温材料进场要求和材料性能要求。

（9）装饰工程。

① 明确装饰工程进入现场施工的时间，施工顺序和成品保护等的具体要求，结构、装修、安装工程穿插施工，缩短工期。

② 较高级的室内装修应先做样板间，通过设计、业主、监理等单位联合认定后，再全面开展工作。

③ 对于民用建筑须提出室内装饰环境污染控制办法。

④ 室外装修工程应明确脚手架的设置，饰面材料应有防止渗水、防止坠落及金属材料防锈蚀的措施。

⑤ 确定分项工程的施工方法和要求，提出所需的机具设备的型号、数量。

⑥ 提出各种装饰装修材料的品种、规格、外观、尺寸、质量等要求。

⑦ 确定装修材料逐层配套堆放的数量和平面位置，提出材料储存要求。

⑧ 确定保证装饰工程施工防火安全的方法，如材料的防火处理、施工现场防火、电气防火、消防设施的保护。

（10）脚手架工程。

① 明确内外脚手架的用料、搭设、使用、拆除方法及安全措施，外墙脚手架大多从地面开始搭设，根据土质情况，应有防止脚手架不均匀下沉的措施。

② 明确特殊部位脚手架的搭设方案。如施工现场的主要出入口处，脚手架应留有较大空间，便于行人或车辆进出，空间两边和上边均应用双杆处理，并局部设置剪刀撑，加强与主体结构的拉结固定。

③ 室内施工脚手架宜采用轻型的工具式脚手架，装拆方便省工，成本低，较高、跨度较大的厂房屋顶的顶棚喷刷工作宜采用移动式脚手架，省工又不影响其他工程。

④ 脚手架工程还须确定安全网挂设方法："四口五临边"防护方案。

（11）现场水平、垂直运输设施。

① 确定垂直运输量，有标准层的须确定标准层运输量。

② 选择垂直运输方式及其机械型号、数量、布置、安全装置、服务范围、穿插班次，明确垂直运输设施使用中的注意事项。

③ 选择水平运输方式及其设备型号、数量。

④ 确定地面和楼面上水平运输的行驶路线。

（12）特殊项目。

特殊项目是指采用新技术、新材料、新结构的项目，如大跨度空间结构、水下结构、基础、大体积混凝土施工、大型玻璃幕墙、软土地基等项目。

① 选择施工方法，阐明施工技术关键所在（当难以用文字说清楚时，可配合图表进行描述）。

② 拟订质量、安全措施。

（13）季节性施工。

当工程施工跨越冬期或雨期时，就必须制订冬期施工措施或雨期施工措施。施工措施应根据工程部位及施工内容和施工条件的不同进行制订。

① 冬（雨）期施工部位。说明冬（雨）期施工的具体项目和所在的部位。

② 冬期施工措施。根据工程所在地的冬季气温、降雪量不同，工程部分及施工内容不同，施工单位的条件不同，制订不同的冬期施工措施。

③ 雨期施工措施。根据工程所在地的雨量、雨期及工程的特点（如深基础、大土方量、施工设备、工程部位）制订雨期施工措施。

有关季节性施工的内容应在季节性专项施工方案中细化。

3.2.2　施工机械的选择

施工机械对施工工艺、施工方法有直接的影响。施工机械化是现代化大生产的显著标志，对加快建设速度、提高工程质量、保证施工安全、节约工程成本起着至关重要的作用。因此，选择施工机械成为确定施工方案的一个重要内容。

1. 大型机械设备的选择原则

大型机械一般是指主导工程的施工机械，如土方机械、水平与垂直运输机械及其他大型机械等。

机械化施工是施工方法选择的中心环节，施工方法和施工机械是紧密相连的，一定的方法配备一定的机械，在选择施工方法时应当协调一致。大型机械设备的选择主要是选择施工机械的型号和确定其数量，在选择其型号时要符合以下原则。

（1）满足施工工艺的要求。

（2）有获得的可能性。

（3）经济合理且技术先进。

2. 大型机械设备选择应考虑的因素

（1）首先应根据工程特点，选择适宜主导工程的施工机械。

（2）在同一建筑工地上的施工机械的种类和型号应尽可能少些。

（3）在选用施工机械时，尽可能选用施工单位现有的机械，以减少资金的投入，充分发挥现有机械的效率。若施工单位现有机械不能满足工程需要，可考虑租赁或购买。

（4）对于高层建筑或结构复杂的建（构）筑物、其主体结构施工的垂直运输机械最佳方案往往是多种机械组合。

（5）施工机械之间的生产能力应协调一致。

3. 大型机械设备的选择

根据工程特点，按施工阶段正确选择最适宜主导工程的大型施工机械设备。各种机械型号、数量确定之后，列出设备的规格、型号、主要技术参数及数量，可汇总成表。

（1）塔式起重机的选择。

塔式起重机是集起重、垂直提升、水平输送 3 种功能为一体的机械设备，垂直和水平运输长、大、重的物料时，塔式起重机为首选机械，按其固定方式可分为固定式、轨道式、附墙式和内爬式 4 类。

（2）井架的选择。

井架属固定式垂直运输机械，它的稳定性好、运输量大，是施工中常用的也是最为简便的垂直运输机械，采用附着式可搭设的高度超过 100 m。

井架的布置主要根据机械性能、建筑物的平面形状和尺寸、施工段划分情况、建筑物高低层分界位置、材料来向和已有运输道路情况而定。井架布置的原则是充分发挥垂直运输的能力，并使地面和路面的水平运距最短。

（3）建筑施工电梯的选择。

建筑施工电梯是高层建筑施工中运输施工人员及建筑器材的主要垂直运输设施，它附着在建筑物外墙或其他结构部位上。确定建筑施工电梯的位置时，应考虑以下几点：便于施工人员上下和物料集散；由电梯口至各施工处的平均距离应最短；便于安装附墙装置，接近电源，有良好的夜间照明。

（4）其他施工设备的选择。

建筑施工设备包括很多，比如搅拌机、灰浆机、钢筋加工和模板加工机械等。

3.3 基础工程施工方案

3.3.1 施工顺序的确定

基础工程施工是指室内地坪（±0.000）下所有工程的施工。基础的类型有很多，由于基础的类型不同，施工顺序也不一样。

1. 砖基础

砖基础的施工顺序：挖土→垫层施工→砌筑基础→铺设防潮层→回填土。

当在挖槽和勘探过程中发现地下有障碍物时，如洞穴、枯井、软弱地基等，还应进行地基局部加固处理。

因基础工程受自然条件影响较大，各施工过程安排应尽量紧凑。挖土与垫层施工之间间隔时间不宜太长，垫层施工完成后，一定要留有技术间歇时间，使其具有一定强度之后，再进行下一道工序。回填土应在基础完成后一次分层回填压实，对室内地坪以下室内回填土，最好与基槽（坑）回填土同时进行，如不能同时回填，也可留在装饰工程之前，与主体结构施工同时进行。各种管道沟挖土和管道铺设等工程，应尽可能与基础工程配合平行搭接施工。

铺设防潮层等零星工作的工程量比较小，可不必单独列为一个施工过程项目，可以合并在砌砖基础施工中。砖基础的施工顺序也可为挖土→做垫层→砌砖基础→回填土。

2. 混凝土基础

混凝土基础的类型较多，有柱下独立基础、墙下（柱下）钢筋混凝土条形基础、杯口基础、筏板基础、箱形基础等，施工顺序基本相同。

钢筋混凝土基础的施工顺序：基坑（槽）挖土→垫层施工→绑扎基础钢筋→基础支模板→浇筑混凝土→养护→拆模→回填土。

基坑（槽）在开挖过程中，如果开挖深度较大，地下水位较高，则在挖土前应进行土壁支护和施工降水等工作。

箱形基础工程的施工顺序：支护结构施工→土方开挖→垫层施工→地下室底板施工→地下室柱、墙施工及做防水→地下室顶板施工→回填土。

含有地下室工程的高层建筑的基础均为深基础，在工期要求很紧的情况下也可采用逆作法施工，其施工顺序通常为地下连续墙施工→中间支撑柱施工→地下室施工→1层挖土、浇筑其顶板和内部结构→（从地下室至2层）地下、地上结构同时施工→地下室底板封底并养护→继续进行地上结构施工。

3. 桩基础

桩基础类型不同，施工顺序也不一样。通常按施工工艺将桩基础分为预制桩和灌注桩两种。

桩基施工方案
（施工组织设计）

预制桩的施工顺序：桩的制作→弹线定桩位→打桩→接桩→截桩→桩承台和承台梁施工。

灌注桩的施工顺序：弹线定桩位→成孔→验孔→吊放钢筋笼→浇筑混凝土→桩承台和承台梁施工。

灌注桩钢筋笼的绑扎可以和灌注桩成孔同时进行。如果采用人工挖孔桩，还要进行护壁的施工，护壁与成孔挖土交替进行。

桩承台和承台梁的施工顺序：土方开挖→垫层施工→绑扎→支模→浇筑混凝土→养护→拆模→回填土。

3.3.2 施工方法及施工机械

1. 土石方工程

土石方工程包括土石方的开挖、运输、填筑、平整和压实等主要施工过程，以及排水、降水和土壁支撑等准备工作和辅助工作。

（1）土石方开挖方法。

土石方工程有人工开挖、机械开挖和爆破3种开挖方法。人工开挖只适用于小型基坑（槽）、管沟及土方量少的场所，大量土方一般均选择机械开挖。当开挖难度很大时，如冻土、岩石土的开挖，也可以采用爆破技术。如果采用爆破，则应选择炸药的种类，进行药包量的计算，确定起爆的方法和器材，并拟订爆破安全措施等。

土方开挖应遵循"开槽支撑，先撑后挖，分层开挖，严禁超挖"的原则。

深基坑土方常见的开挖方式有分层全开挖、分层分区开挖、中心岛式开挖等。实际施工时应根据开挖深度和开挖机械确定开挖方式。

（2）土方施工机械的选择。

土方施工机械选择的内容包括确定土方施工机械型号、数量和行走路线，以充分利用机械能力，达到最高的机械效率。

土方施工中常用的土方施工机械有推土机、铲运机和单斗挖土机。单斗挖土机是土方工程施工中常用的一种挖土机械。按其工作装置不同，又分为正铲、反铲、拉铲和抓铲挖土机。

（3）确定土壁放坡开挖的边坡坡度或土壁支护方案。

为了防止塌方（滑坡），保证施工安全，当基坑（槽）开挖深度超过一定限度时，土壁放坡开挖，或者加设临时支撑以保证土壁的稳定。

当土质较好或开挖深度不是很大时，可以选择放坡开挖，根据土壤类别及开挖深度，确定放坡的坡度。这种方法较经济，但是需要很大的工作面。

当土质较差或开挖深度大，或受场地条件的限制不能选择放坡开挖时，可以采用土壁支护。采用土壁支护时，应进行支护的计算，确定支护形式、材料及施工方法，必要时绘制支护施工图。土壁支护方法，根据工程特点、土质条件、开挖深度、地下水位和施工方法等不同情况，可以选择钢（木）支撑、钢（木）板桩、钢筋混凝土桩、土层锚杆、地下连续墙等。

（4）确定地下水、地表水的处理方法及有关配套设备。

选择排除地表水和降低地下水位的方法，确定排水沟、集水井或井点的类型、数量和布置（平面布置和高程布置），确定施工降、排水所需设备。

地面水的排除通常采用设置排水沟、截水沟或修筑土堤等措施来进行。尽量利用自然地形来设置排水沟，以便将水直接排至场外，或流入低洼处再用水泵抽走。

降低地下水位的方法有集水坑降水法和井点降水法两种。集水坑降水法一般宜用于降水深度较小且地层为粗粒土层或黏性土的情况；井点降水法一般宜用于降水深度较大，或土层为细砂和粉砂，或软土地区的情况。

采用集水坑降水法施工，是指在基坑（槽）开挖时，沿坑底周围或中央开挖排水沟，在沟底设置集水井，使坑（槽）内的水经排水沟流向集水井，然后用水泵抽走。抽出的水应引开，以防倒流。排水沟和集水井应设置在基础范围以外。

采用井点降水法施工，是指在基坑（槽）开挖前，预先在基坑（槽）周围埋设一定数量的滤水管（井），利用抽水设备不断抽水，使地下水位降低到坑底以下，直至基础工程施工结束为止。

（5）确定回填压实的方法。

基础验收合格后，应及时回填。回填土要在基础两侧同时进行，并分层夯实。回填时应明确填筑的要求，正确选择填土的种类和填筑方法，根据不同土质，选择压实方法，确定压实机械的类型和数量。基础施工时，应确定基础或垫层与基坑开挖之间搭接程度与技术间歇时间，在保证质量的前提下尽早拆模和回填土，以免基坑曝晒和浸水，并提供预制场地。

（6）确定土石方平衡调配方案。

根据实际工程规模和施工期限，确定调配的运输机械的类型和数量，选择最经济合理的调配方案。在地形复杂的地区大面积平整场地时，除确定土石方平衡调配方案外，还应绘制土方调配图表。

2. 基础工程

（1）混凝土基础。

① 混凝土基础的施工方案有以下 3 种。

a. 基础模板施工方案。根据基础结构形式、荷载大小、地基土类别、施工设备和材料供应等条件进行模板及其支架的设计，并确定模板类型、支模方法、模板的拆除顺序、拆除时间及安全措施。对于复杂的工程还须绘制模板放样图。

b. 基础钢筋工程施工方案。选择钢筋的加工（调直、切断、除锈、弯曲、成型、焊接）、运输、安装和检测方法，如钢筋做现场预应力张拉，应详细制订预应力钢筋的制作、安装和检测方法；确定钢筋加工所需要的设备的类型和数量；确定形成钢筋保护层的方法。

　　c. 混凝土工程施工方案。选择混凝土的制备方案，如采用现场制备混凝土或商品混凝土；确定混凝土原材料准备、拌制及输送方法；确定混凝土浇筑顺序，振捣、养护方法；确定施工缝的留设位置和处理方法；确定混凝土搅拌方式、运输或泵送方案；确定振捣设备的类型、规格和数量。

　　对于大体积混凝土，一般有全面分层、分段分层、斜面分层 3 种浇筑方案。为防止大体积混凝土开裂，应根据结构的不同特点，确定浇筑方案，并拟订防止混凝土开裂的措施。

　　② 工业厂房基础与设备基础混凝土的施工方案。

　　工业厂房基础和设备基础通常有封闭式和开敞式两种施工方案。

　　当厂房柱基础的埋置深度大于设备基础埋置深度时，通常采用封闭式施工方案，即厂房柱基础先施工，设备基础待上部结构全部完工后再施工。

　　当设备基础埋置深度大于厂房柱基础的埋置深度时，通常采用开敞式施工方案，即厂房柱基础和设备基础同时施工。

　　当设备基础与柱基础埋置深度相同或接近时，两种施工方案均可选择。

　　当设备基础比柱基础深很多，其基坑的挖土范围已经深于厂房柱基础，以及厂房所在地点土质很差时，也可采用设备基础先施工的方案。

　　(2) 桩基础。

　　桩基础类型不同，施工方法也不一样。通常按施工工艺将桩基础分为预制桩和灌注桩两种。

　　① 预制桩的施工方法。

　　确定预制桩的制作程序和方法；明确预制桩起吊、运输、堆放的要求；选择起吊、运输的机械；确定预制桩打设的方法，选择打桩设备。

　　② 灌注桩的施工方法。

　　根据灌注桩的类型确定施工方法，选择成孔机械的类型和其他施工设备的类型及数量，明确灌注桩的质量要求，拟订安全措施。

　　灌注桩按成孔方法可分为干作业成孔灌注桩、泥浆护壁灌注桩、沉管灌注桩、人工挖孔灌注桩和爆扩灌注桩等。

　　施工中通常要根据土质和地下水位等情况选择不同的施工工艺和施工设备。干作业成孔灌注桩适用于地下水位较低，在成孔深度内无地下水的土质。泥浆护壁灌注桩多用于含水量高的软土地区。沉管灌注桩宜用于一般黏性土、淤泥质土、砂土和人工填土地基。人工挖孔灌注桩适用于大直径桩。爆扩灌注桩适用于地下水位以上的黏性土、黄土、碎石土和风化岩。

3.3.3　基础工程流水施工组织

1. 基础工程流水施工组织的步骤

　　(1) 首先要列项，也就是划分施工过程。按照划分施工过程的原则，把起主导作用的、影响工期的施工过程单独列项。

（2）划分施工段。为了组织流水施工，应按照划分施工段的原则，并结合实际工程情况划分施工段。施工段的数目要合理，不能过多或过少。

（3）组织流水施工，绘制进度计划。进度计划常有横道图和网络图两种表达方式。

2. 钢筋混凝土基础的流水施工组织

按照划分施工过程的原则，钢筋混凝土基础可划分为挖土、做垫层、支模板、绑扎钢筋、浇筑混凝土并养护、回填土 6 个施工过程，也可将支模板、绑扎钢筋、浇筑混凝土并养护合并为一个施工过程，即挖土、做垫层、做基础、回填土 4 个施工过程，分段组织流水施工，并绘制横道图和网络图。

3.4　主体工程施工方案

3.4.1　施工顺序的确定

主体结构工程常用的结构体系有砖混结构、多层钢筋混凝土框架结构、剪力墙结构、装配式工业厂房和装配式大板结构等。

1. 砖混结构

砖混结构主体的楼板可预制，也可现浇，楼梯一般都是现浇。

若楼板为预制构件时，砖混结构主体工程的施工顺序：搭脚手架→砌墙→安装门窗过梁→现浇圈梁和构造柱→现浇楼梯→安装楼板→浇板缝→现浇雨篷及阳台。

当楼板现浇时，其主体工程的施工顺序：搭脚手架→构造柱绑扎钢筋→墙体砌筑→安装门窗过梁→支构造柱模板→浇筑构造柱混凝土→安装梁、板、楼梯模板→绑扎梁、板、楼梯钢筋→浇筑梁、板、楼梯混凝土→现浇雨篷及阳台等。

2. 多层钢筋混凝土框架结构

框架结构的施工方案会影响其主体工程的施工顺序。

（1）当楼层不高或工程量不大时，柱、梁、板可一次性整体浇筑，柱与梁、板间不留施工缝。柱浇筑后，须停顿 1～1.5h，待混凝土初步沉实后，再浇筑其上的梁、板，以免因柱混凝土下沉在梁、柱接头处形成裂缝。

梁、柱、板整体现浇时，框架结构主体的施工顺序：绑扎柱钢筋→支柱、梁、板模板→绑扎梁、板钢筋→浇筑柱、梁、板混凝土→养护→拆模。

（2）当楼层较高或工程量较大时，柱与梁、板间分两次浇筑，柱与梁、板间施工缝留在梁底。待柱混凝土强度达到 1.2MPa 后，再浇筑梁和板。

先浇柱后浇梁、板混凝土时，框架结构主体的施工顺序：绑扎柱钢筋→支柱、梁、板模板→浇筑柱混凝土→绑扎梁、板钢筋→浇筑梁、板混凝土→养护→拆模。

（3）浇筑钢筋混凝土电梯井的施工顺序：绑扎电梯井钢筋→支电梯井内、外模板→浇筑电梯井混凝土→混凝土养护→拆模。

3. 剪力墙结构

主体结构为现浇钢筋混凝土剪力墙时，可采用大模板或滑模工艺。

现浇钢筋混凝土剪力墙结构采用大模板工艺，分段组织流水施工，施工速度快，结构整体性、抗震性好。其标准层的施工顺序：弹线→绑扎墙体钢筋→支墙模板→浇筑墙身混凝土→养护→拆墙模板→支楼板模板→绑扎楼板钢筋→浇筑楼板混凝土。随着楼层施工的进行，电梯井、楼梯等部位也逐层插入施工。

采用滑升模板工艺时，其施工顺序：抄平放线→安装提升架、围圈→支一侧模板→绑扎墙体钢筋→支另一侧模板→液压系统安装→检查调试→安装操作平台→安装支撑杆→滑升模板→安装悬吊脚手架。

4. 装配式工业厂房

装配式工业厂房的构件都是预制的，通常采用工厂预制和工地预制相结合的方法。

（1）预制阶段的施工顺序。

现场预制钢筋混凝土柱的施工顺序：场地平整夯实→支模板→绑扎钢筋→安放预埋件→浇筑混凝土→养护→拆模。

现场预制预应力屋架的施工顺序：场地平整夯实→支模板→绑扎钢筋→安装预埋件→预留孔道→浇筑混凝土→养护→拆模→预应力筋张拉→锚固和灌浆。

（2）结构安装阶段的施工顺序。

装配式工业厂房的结构安装是整个厂房施工的主导施工过程，其他施工过程应配合安装顺序。结构安装阶段的施工顺序：安装柱子→安装柱间支撑→安装基础梁→安装连系梁→安装吊车梁→安装屋架、天窗架和屋面板等。

每个构件的安装工艺顺序：绑扎→起吊→就位→临时固定→校正→最后固定。

构件吊装顺序取决于吊装方法，单层工业厂房结构安装法有分件吊装法和综合吊装法两种。

分件吊装法的构件吊装顺序：吊装柱子→吊装吊车梁、托架梁、连系梁→吊装屋架、天窗架和屋面板。

综合吊装法的构件吊装顺序：先吊 4～6 根柱子→吊装梁及屋架、天窗架和屋面板→依次逐个节间吊装。

5. 装配式大板结构

装配式大板标准层施工顺序：抄平放线→墙板安装→墙板顶部找平→楼板安装→异形构件安装→浇筑板面混凝土→转入下一层施工。

3.4.2 施工方法及施工机械的确定

1. 测量控制工程

（1）说明测量工作的总要求。

测量工作应由专人操作，操作人员必须按照操作程序、操作规程进行，经常进行仪器、测量设备的检查验证，配合各工序的穿插和检查验收工作。

（2）工程轴线的控制和引测。

说明实测前的准备工作和建筑物平面位置的测设方法，各层轴线的定位、放线方法及轴线控制要求。

（3）标高的控制和引测。

说明实测前的准备工作、标高的控制和引测方法。

（4）垂直度控制。

说明建筑物垂直度控制的方法，并说明确保控制质量的措施。

（5）沉降观测。

可根据设计要求，说明沉降观测的方法、步骤和要求。

2. 脚手架工程

脚手架应在基础回填土之后，配合主体工程搭设，在室外装饰之后、散水施工前拆除。

（1）明确脚手架搭设的基本要求。

脚手架应由架子工搭设，应满足工人操作、材料堆放和运输的需要；脚手架应坚固稳定、安全可靠，搭设简单，搬移方便，尽量节约材料，能多次周转使用。

（2）选择脚手架的类型。

脚手架的种类很多，按其搭设的位置分为外脚手架和里脚手架；按其所用材料分为木脚手架、竹脚手架与金属脚手架；按其构造形式分为多立杆式、框式、悬挑式、吊式、升降式等。目前常用的是多立杆式（钢管扣件式）脚手架；高于 50m 的高层建筑常采用外挂脚手架。

（3）确定脚手架的搭设方法和技术要求。

确定脚手架的形式，多立杆式脚手架有单排和双排两种形式，一般采用双排；确定脚手架的搭设宽度和每步架高；为了保证脚手架的稳定，要设置连墙杆、剪刀撑、抛撑等支撑体系，并确定其搭设方法和设置要求。

（4）脚手架的安全防护。

为了保证安全，脚手架通常要挂安全网，应确定安全网的布置方式，并对脚手架采取避雷措施。

3. 砌筑工程

（1）明确砌筑的质量和要求。

砌体一般要求灰缝横平竖直，砂浆饱满，厚薄均匀，上下错缝，内外搭接，接槎牢固，墙面垂直。

砌筑工程施工方案
（施工组织设计）

（2）明确砌筑工程的施工组织形式。

明确砌筑工程施工中的流水分段和劳动组合形式。

（3）确定墙体的组砌形式和方法。

普通砖墙的砌筑形式主要有一顺一丁、三顺一丁、两平一侧、梅花丁和全顺式。普通砖墙的砌筑方法主要有"三一"砌砖法、挤浆法、刮浆法和满口灰法。

（4）确定砌筑工程施工方法。

① 砖墙的砌筑方法。砖墙的砌筑工序为抄平放线→摆砖→立皮数杆→挂线盘角→砌筑→勾缝清理等。

② 砌块的砌筑方法。在施工之前，应确定大规格砌块砌筑的方法和质量要求，选择砌筑形式，确定皮数杆的数量和位置，明确弹线及皮数杆的控制方法和要求。绘制砌块排列图，选择专门设备吊装砌块。

砌块安装的主要工序：铺灰→吊砌块就位→校正→灌缝和镶砖。砌块墙在砌筑吊装前，应先画出砌块排列图，砌块排列图是根据建筑施工图上门窗大小、层高尺寸、砌块错缝、搭接的构造要求和灰缝大小，把各种规格的砌块排列出来。需要镶砖的地方，在排列图上要画出，镶砖应尽可能对称分散。砌块排列主要以立面图表示，每面墙绘制一张排列图。

③ 砖柱的砌筑方法。矩形砖柱的砌筑方法，应使柱面上、下皮砖的竖缝至少错开1/4砖长，柱心无通缝，少砍砖并尽量利用1/4砖。不得采用光砌四周后填心的包心砌法。包心柱从外观看来好像没有通缝，但其中间部分有通天缝，整体性差，不允许采用。

④ 砖垛的砌筑方法。砖垛的砌法要根据墙厚及垛的大小而定，无论哪种砌法都应使垛与墙身逐皮搭接，切不可分离砌筑，搭接长度至少为1/4砖长。根据错缝需要可加砌3/4砖或半砖。当砌完一个施工层后，应进行墙面、柱面的勾缝和清理，以及落地灰的清理。

（5）确定施工缝留设位置和技术要求。

施工段的分段位置应设在伸缩缝、沉降缝、防震缝或门窗洞口处。

（6）确定砌筑工程质量检查方法。

砌筑工程施工完成后应检查墙体平面位置、砌块的组砌方式、灰缝的饱满程度、墙体的垂直度和平整度。

4. 钢筋混凝土工程

现浇钢筋混凝土工程由模板、钢筋、混凝土3个工种相互配合进行。

（1）模板工程。

根据工程结构形式、荷载大小、施工设备和材料供应等进行模板及其支架的设计，并确定支模方法、模板拆除顺序及安全措施、模板拆模时间和有关要求，对复杂工程须进行模板设计和绘制模板放样图。

① 木模板施工。

a. 柱模板。柱模板是由两块相对的内拼板夹在两块外拼板之间钉成的。

b. 梁模板。梁模板主要由侧模、底模及支撑系统组成。

c. 楼板模板。楼板模板由底模和支架系统组成。

d. 楼梯模板。楼梯模板安装时，在楼梯间的墙上按设计标高画出楼梯段、楼梯踏步及平台板、平台梁的位置。

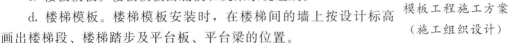

模板工程施工方案
（施工组织设计）

肋形楼盖模板安装的全过程：安装柱模底框→立柱模→校正柱模→水平和斜撑固定柱模→安主梁底模→立主梁底模的琵琶撑→安主梁侧模→安次梁底模→立次梁模板的琵琶撑→安次梁固定夹板→立次梁侧模→在次梁固定夹板立短撑→在短撑上放楞木→楞木上铺楼板底模板→纵横方向用水平撑和剪刀撑连接主次梁的琵琶撑→成为稳定坚实的临时性空间结构。

② 钢模板施工。

定型组合钢模板由钢模板、连接件和支承件组成。施工时可在现场直接组装，也可预拼装成大块模板用起重机吊运安装。组合钢模板的设计应使钢模板的块数最少，木板镶拼补量最少，并合理使用转角模板，使支承件布置简单。钢模板尽量采用横排或竖排，不用横竖兼排的方式。

③ 模板拆除。

现浇结构模板的拆除时间取决于结构的性质、模板的用途和混凝土硬化速度。模板的拆除顺序一般是先支后拆、后支先拆，先拆除非承重部分，后拆除承重部分，一般谁安谁拆。重大复杂的模板拆除，事先应制订拆除方案。框架结构模板的拆除顺序：柱模板→楼板底模→梁侧模板→梁底模板。多层楼板模板支架的拆除，应按下列要求进行：上层楼板正在浇筑混凝土时，下一层楼板支柱不得拆除，再下一层楼板的支柱仅可拆除一部分；跨度4m及4m以上的梁下均应保留支柱，其间距不得大于3m。

（2）钢筋工程。

① 钢筋加工。

钢筋加工工艺流程：材质复验及焊接试验→配料→调直→除锈→断料→焊接→弯曲成型→成品堆放。

② 钢筋的连接。

钢筋连接的方法有绑扎连接、焊接连接和机械连接。施工规范规定，受力钢筋优先选择焊接连接和机械连接，并且接头应相互错开。

钢筋工程施工方案
（施工组织设计）

钢筋的焊接方法有闪光对焊、电弧焊、电渣压力焊、电阻点焊和气压焊等。不同的焊接方法适用于不同的情况。

③ 钢筋的绑扎和安装。

钢筋绑扎安装前，工作人员应先熟悉施工图纸，核对成品钢筋的钢号、直径、形状、尺寸和数量等是否与配料单和料牌相符，研究钢筋安装和有关工种的配合顺序，准备绑扎用的铁丝、绑扎工具等。

④ 钢筋保护层施工。

控制钢筋的混凝土保护层可用水泥砂浆垫块或塑料卡。

（3）混凝土工程。

混凝土制备方案（商品混凝土或现场拌制混凝土）：确定混凝土原材料准备、搅拌、运输及浇筑顺序和方法，以及泵送混凝土和普通垂直运输混凝土的机械选择；确定混凝土搅拌、振捣设备的类型和规格、养护制度及施工缝的位置和处理方法。

混凝土工程
施工方案
（施工组织设计）

① 混凝土的搅拌。

拌制混凝土可采用人工或机械拌制方法，人工拌制一般用"三干三湿"法。只有当混凝土用量不多或无机械时才采用人工拌制，一般用搅拌机拌制混凝土。

② 混凝土的运输。

混凝土在运输过程中要求保持混凝土的均匀性，不产生严重的分层离析现象；运输时间不宜过长，应保证混凝土在初凝前浇入模板内捣实完毕。

③ 混凝土的浇筑。

混凝土在浇筑前应检查模板、支架、钢筋和预埋件，并进行验收。浇筑混凝土时一定要防止产生分层离析，为此须控制混凝土自高处倾落的自由倾落高度不应超过 2m，在竖向结构中自由倾落高度不宜超过 3m。否则应采用串筒、溜槽、溜管等下料。浇筑竖向结构混凝土前先要在底部填筑一层 50～100mm 厚与混凝土成分相同的水泥砂浆。浇捣混凝土应连续进行，若需长时间间歇，应留置混凝土施工缝。

④ 混凝土的振捣。

混凝土的捣实方法有人工捣实和机械捣实两种。人工捣实使用钢钎、捣锤或插钎等工具，这种方法仅适用于塑性混凝土，在缺少振捣机械或工程量不大的情况下采用。有条件时尽量采用机械振捣，常用的振捣机械有内部振动器（振动格）、表面振动器（平板振动器）、外部振动器（附着式振动器）和振动台等。

⑤ 混凝土的养护。

混凝土养护方法分自然养护和人工养护。现浇构件多采用自然养护，只有在冬期施工、温度很低时，才采用人工养护。采用自然养护时，在混凝土浇筑完毕后一定时间（12h）内要覆盖并浇水养护。

（4）预应力混凝土的施工方法、控制应力和张拉设备。

具体内容包括：预应力钢材、锚夹具、张拉设备的选用和验收，成孔材料及成孔方法（包括灌浆孔、泌水孔），端部和梁柱节点处的处理方法，预应力张拉力、张拉程序以及灌浆方法、要求等；混凝土的养护及质量评定。如钢筋在现场进行预应力张拉，应详细制订预应力钢筋的制作、安装和检测方法。

5. 结构安装工程

根据起重量、起重高度、起重半径，选择起重机械，确定结构安装方法，拟订安装顺序，起重机开行路线及停机位置；构件平面布置设计，工厂预制构件的运输、装卸、堆放方法；现场预制构件的就位、堆放的方法，吊装前的准备工作，主要工程量和吊装进度。

（1）确定起重机类型、型号和数量。

在单层工业厂房结构安装工程中，如采用自行式起重机，一般选择分件吊装法，起重机在厂房内 3 次开行才能吊装完厂房结构件；而选择桅杆式起重机，则必须采用综合吊装法。综合吊装法与分件吊装法起重机开行路线及构件平面布置是不同的。

当厂房面积较大时，可采用两台或多台起重机安装，柱子和吊车梁、屋盖系统分别流水作业，可加速工期。对一般中、小型单层厂房，选用一台起重机为宜，这在经济上比较合理。对于工期特别紧迫的工程，两台或多台起重机则作为特殊情况考虑。

（2）确定结构构件的安装方法。

工业厂房结构安装方法有分件吊装法和综合吊装法两种，单层厂房安装通常采用分件吊装法。

（3）确定构件制作平面布置，拼装场地，机械开行路线。

（4）确定构件运输、装卸、堆放和所需机具设备型号、数量及运输道路要求。

6. 围护工程

围护工程阶段的施工包括搭脚手架、内外墙砌筑、安装门窗框等。在主体工程结束后，或完成一部分区段后即可开始内外墙砌筑工程的分段施工，此时，不同的分项工程之间可组织立体交叉或平行流水施工。内隔墙的砌筑则应根据内隔墙的基础形式而定，有的须在地面工程完成后进行，有的则可以在地面工程之前与外墙同时进行。

7. 现场垂直和水平运输

确定垂直运输量，选择垂直运输和水平运输方式、运输设备的型号和数量、配套使用的专用器具设备。确定地面和楼面水平运输的行驶路线，确定垂直运输机械的停机位置。综合安排各种垂直运输设施的工作任务和服务范围。

常用的垂直运输设施有塔式起重机、井架、龙门架、建筑施工电梯等。

3.4.3 主体工程流水施工组织

1. 主体工程流水施工组织的步骤

（1）首先要列项，也就是划分施工过程。按照划分施工过程的原则，把起主导作用的、影响工期的施工过程单独列项。

（2）划分施工段。为了组织流水施工，应按照划分施工段的原则，并结合实际工程情况划分施工段。施工段的数目一定要合理，不能过多或过少。

（3）组织专业班组。按工种组织单一或混合专业班组，连续施工。

（4）组织流水施工，绘制进度计划。进度计划常有横道图和网络图两种表达方式。

2. 砖混结构的流水施工组织

砖混结构主体工程可以按砖混主体标准层划分砌砖墙、楼板施工两个施工过程，分段组织流水施工，绘制横道图和网络图。

3. 框架结构主体工程的流水施工组织

按照划分施工过程的原则，把有些施工过程合并，框架结构主体梁、柱、板一起浇筑时，可划分为4个施工过程：绑扎柱钢筋、支柱梁板模板、绑扎梁板钢筋、浇筑混凝土。各施工过程均包含楼梯间部分的施工。

框架结构主体标准层划分为绑扎柱钢筋、支柱梁板模板、绑扎梁板钢筋、浇筑混凝土4个施工过程，分段组织流水施工，绘制网络图。

3.5 屋面防水工程施工方案

3.5.1 施工顺序的确定

屋面防水工程的施工手工操作多、所需时间长，应在主体结构封顶后尽快完成，使室内装饰施工尽早进行。一般情况下，屋面工程可以和装饰工程搭接或平行施工。

屋面防水工程可分为柔性防水和刚性防水两种。防水工程施工工艺要求严格细致、一丝不苟，应避开雨期和冬期施工。

1. 柔性防水屋面的施工顺序

南方温度较高，一般不做保温层。无保温层、架空层的柔性防水屋面的施工顺序：结构基层处理→找平找坡→冷底子油结合层→铺卷材防水层→做保护层。

北方温度较低，一般要做保温层。有保温层的柔性防水屋面的施工顺序：结构基层处理→找平层→隔汽层→铺保温层→找平找坡→冷底子油结合层→铺卷材防水层→做保护层。

2. 刚性防水屋面的施工顺序

刚性防水屋面常用细石混凝土屋面。细石混凝土防水屋面的施工顺序：结构基层处理→隔离层→细石混凝土防水层→养护→嵌缝。

3.5.2 施工方法及施工机械

确定屋面材料运输及储存方式、各分项工程的操作及质量要求、新材料的特殊工艺及质量要求，以及工艺流程和劳动组织，进行流水施工。

1. 卷材防水屋面的施工方法

卷材防水屋面又称为柔性防水屋面，是用胶结材料粘贴卷材进行防水。常用的卷材有沥青防水卷材、高聚物改性沥青防水卷材和合成高分子防水卷材三大系列。

油毡的铺贴方法有以下几种。

（1）油毡热铺贴施工。

（2）油毡冷粘法施工。

（3）油毡自粘法施工。

（4）高聚物改性沥青卷材热熔法施工。

（5）高聚物改性沥青卷材冷粘法施工。

（6）合成高分子防水卷材施工。合成高分子防水卷材可用冷粘法、自粘法、热风焊接法施工。

2．细石混凝土刚性防水屋面的施工方法

刚性防水屋面常用细石混凝土防水屋面，它由结构层、隔离层和细石混凝土防水层组成。

刚性防水屋面的结构层宜为整体浇筑的钢筋混凝土结构。在结构层与防水层之间设一道隔离层，以便结构层与防水层的变形互不影响，从而减少防水层受到的拉应力，避免开裂。隔离层可由石灰、黏土砂浆或纸筋灰、麻筋灰、卷材、塑料薄膜等起隔离作用的材料制成。

3.5.3　流水施工组织

1．屋面防水工程流水施工组织的步骤

（1）首先要列项，也就是划分施工过程。按照划分施工过程的原则，把起主导作用的、影响工期的施工过程单独列项。

（2）划分施工段。为了组织流水施工，应按照划分施工段的原则，并结合实际工程情况划分施工段，施工段的数目一定要合理，不能过多或过少。屋面工程施工时若没有高低层，或没有设置变形缝，一般不分段施工，而是采用依次施工的方式组织施工。

（3）绘制进度计划。进度计划常有横道图和网络图两种表达方式。

2．柔性防水屋面的施工组织

（1）无保温层、架空层的柔性防水屋面一般分为找平找坡、铺卷材、做保护层3个施工过程，组织依次或流水施工。

（2）有保温层的柔性防水屋面一般划分为做找平层、铺保温层、找平找坡、铺卷材、做保护层5个施工过程，组织依次或流水施工。

3．刚性防水屋面的施工组织

刚性防水屋面划分为细石混凝土防水屋面（含隔离层）、养护、嵌缝3个施工过程，对于工程量小的屋面，也可以把屋面防水工程只作为一个施工过程对待。

3.6 装饰装修工程施工方案

3.6.1 施工顺序的确定

1. 室内装饰与室外装饰之间的施工顺序

室内外装饰工程的施工顺序通常有先内后外、先外后内、内外同时进行3种，具体采用哪种顺序，应视施工条件和气候条件而定。通常室外装饰应避开冬季或雨季。当室内为水磨石楼面时，为防止楼面施工时水的渗漏对外墙面造成影响，应先完成水磨石的施工；如果为抹灰工程施工方案了加快脚手架周转或要赶在冬季或雨季到来之前完成外装修，则应采（施工组织设计）取先外后内的顺序。

2. 室内装饰的施工流向和施工顺序

（1）施工流向。室内装饰工程一般有自上而下、自下而上、自中而下再自上而中3种施工流向。

（2）室内装饰整体施工顺序。室内装饰工程施工顺序因装饰设计的不同而不同。

（3）同一层内装饰的施工顺序。同一层的室内抹灰施工顺序有两种：楼地面→顶棚→墙面和顶棚→墙面→地面。

3. 室外装饰的施工流向和施工顺序

（1）室外装饰的施工流向。室外装饰工程一般采取自上而下的施工流向，即从女儿墙开始，逐层向下进行。在由上往下每层所有分项工程（工序）全部完成后，即开始拆除该层的脚手架，拆除外脚手架后，填补脚手眼，待脚手眼灰浆干燥后再进行室内装饰。各层完工后，则可以进行勒脚、散水及台阶的施工。

（2）室外装饰整体施工顺序。室外装饰工程施工顺序因装饰设计的不同而不同。

由于大模板墙面平整，只需在板面刮腻子、刷涂料。大模板不采用外脚手架，结构外装饰采用吊式脚手架（吊篮）。

3.6.2 施工方法及施工机械

1. 室内装饰施工方法和施工机具

（1）楼地面工程。

楼地面按面层材料不同可分为水泥砂浆地面、细石混凝土楼地面、现浇水磨石地面、块材地面（陶瓷锦砖、瓷砖、地砖、大理石、花岗岩、碎拼大理石、预制混凝土、水磨石等地面）木质地面、地毯地面等。

① 水泥砂浆地面施工工艺流程：基层处理→找规矩→基层湿润、刷水泥浆→铺水泥砂浆面层→拍实并分3遍压光→养护。

水泥砂浆地面施工常用的施工机具有铁抹子、木抹子、刮尺、地面分格器等。

楼地面工程施工方案
（施工组织设计）

② 细石混凝土地面施工工艺流程：基层处理→找规矩→基层湿润、刷水泥浆→铺细石混凝土面层→刮平拍实→用滚筒滚压密实并进行压光→养护。

细石混凝土地面施工常用的施工机具有铁抹子、木抹子、刮尺、地面分格器、振动器、滚筒等。

③ 现浇水磨石地面施工工艺流程：基层找平→设置分格条、嵌固分格条→养护及修复分格条→基层湿润、刷水泥浆→铺水磨石粒浆→拍实并用滚筒滚压→铁抹子抹平→养护→试磨→粗磨→补粒上浆养护→细磨→补粒上浆养护→磨光→清洗、晾干、擦草酸→清洗、晾干、打蜡→养护。

水磨石的磨光一般常用"二浆三磨"法，即整个磨光过程为磨光3遍，补浆2次。现浇水磨石地面常用的施工机具有磨石机、湿式磨光机、滚筒、铁抹子、木抹子、刮尺、水平尺等。

④ 块材地面的施工。

大理石、花岗岩、预制水磨石板施工工艺流程：基层处理→弹线→试拼、试铺→板块浸水→刷浆→铺水泥砂浆结合层→铺块材→灌缝、擦缝→上蜡。

碎拼大理石施工工艺流程：基层清理→抹找平层→铺贴→浇石渣浆→磨光→上蜡。

陶瓷地砖楼地面施工工艺流程：基层处理→做灰饼、冲筋→做找平层→板块浸水阴干→弹线→铺板块→压平拔缝→嵌缝→养护。

铺设前一般应在干净、湿润的基层上浇水灰比为0.5的素水泥浆，并及时铺抹水泥砂浆找平层。贴好的块材应注意养护，粘贴1天后，每天洒少许水，并防止地面受外力振动，应养护3~5天。

块材地面施工常用的施工机具有石材切割机、钢卷尺、水平尺、方尺、墨斗线、尼龙线、靠尺、木刮尺、橡皮锤或木锤、抹子、喷水壶、灰铲、钢丝刷、台钻、砂轮、磨石机等。

⑤ 木质地面施工工艺分为以下3种。

格栅式普通实木地板的施工工艺流程：基层处理→安装木格栅、撑木→钉毛地板（找平、刨平）→弹线、钉硬木地板→钉踢脚板→刨光、打磨→油漆。

粘贴式施工工艺流程：基层处理→弹线定位→涂胶→粘贴地板→刨光、打磨→油漆。

复合地板的施工工艺流程：基层处理→弹线找平→铺垫层→试铺预排→铺地板→安装踢脚板→清洁表面。

木地板施工之前，应在墙四周弹水平线，以便于找平。面板的铺设有两种方法：钉固法和粘贴法。复合地板只能悬浮铺装，不能将地板粘贴或者钉在地面上。铺装前需要铺设一层垫层，如聚乙烯泡沫塑料薄膜或较厚的发泡底垫等材料，然后铺设复合地板。

木地板铺设常用的机具有小电锯、小电刨、平刨、电动圆锯（台锯）、冲击钻、手电钻、磨光机、手锯、手刨、锤子、斧子、凿子、螺丝刀、撬棍、方尺、木折尺、墨斗、磨刀石、回力钩等。

⑥ 地毯地面的施工。

固定式地毯地面施工工艺流程：基层处理→裁制地毯→固定踢脚板→固定倒刺钉板条→铺设垫层→拼接地毯→固定地毯→收口、清理。

活动式地毯地面施工工艺流程：基层处理→裁割地毯→接缝缝合→铺设→收口、清理。

地毯铺设方式可分为满铺和局部铺设两种。铺设的方法有固定式与活动式。

（2）内墙装饰工程。

内墙饰面的类型，按材料和施工方法的不同可分为抹灰类、贴面类、涂刷类、裱糊类等。大型饰面板的安装多采用浆锚法和干挂法施工。

① 抹灰类内墙饰面的施工工艺流程：基层处理→做灰饼、冲筋→阴阳角找方→门窗洞口做护角→抹底层灰及中层灰→抹罩面灰。

常用的施工机具有木抹子、塑料抹子、铁抹子、钢抹子、压板、阴角抹子、阳角抹子、托灰板、挂线板、方尺、八字靠尺及钢筋卡子、刮尺、筛子、尼龙线等。

② 贴面类内墙饰面砖（板）的施工工艺流程：基层处理→做找平层→弹线、排砖→浸砖→镶贴→擦缝。

常用的施工机具有手提切割机、橡皮锤（木锤）、铅锤、水平尺、靠尺、开刀、托线板、硬木拍板、刮杠、方尺、墨斗、铁铲、拌灰桶、尼龙线、薄钢片、手动切制器、细砂轮片、棉丝、擦布、胡桃钳等。

③ 涂刷类内墙饰面的施工工艺流程：基层处理→填补腻子、局部刮腻子→磨平→第一遍满刮腻子→磨平→第二遍满刮腻子→磨平→第一遍喷涂涂料→第二遍喷涂涂料→局部喷涂涂料。

内墙涂料品种繁多，其施涂方法基本上都是采用刷涂、喷涂、滚涂、抹涂、刮涂等。不同的涂料品种会有一些微小差别。

常用的施工机具有刮铲、钢丝刷、尖头锤、圆头锉、弯头刮刀、鬃毛刷、羊毛刷、排笔、涂料辊、喷枪、高压无气喷涂机、手提式涂料搅拌器等。

④ 裱糊类内墙饰面的施工。

壁纸裱糊施工工艺流程：基层处理→弹线→裁纸编号→焖水→刷胶→上墙裱糊→清理修整表面。

常用的施工机具有活动裁纸刀、刮板、薄钢片刮板、胶皮刮板、塑料刮板、胶滚、铝合金直尺、裁纸案台、钢卷尺、水平尺、2m直尺、普通剪刀、粉线包、软布、毛巾、排笔及板刷、注射用针管及针头等。

（3）顶棚装饰工程。

顶棚的做法有抹灰、涂料和吊顶。抹灰及涂料天棚的施工方法与墙面大致相同。吊顶顶棚主要由悬挂系统、龙骨架、饰面层及其相配套的连接件和配件组成。

① 吊顶工程施工工艺流程：弹线→固定吊筋→吊顶龙骨的安装→罩面板的安装。

② 施工方法和施工机具的选择。罩面板一般采用粘合法、钉子固定法、方板搁置式、方板卡入式等方式安装。

吊顶常用的施工机具有电动冲击钻、手电钻、电动修边机、木刨、槽刨、无齿锯、射钉枪、手锯、手刨、螺丝刀、扳手、方尺、钢尺、钢水平尺、锯、锤、斧、卷尺、水平尺、墨线斗等。

2. 外装饰施工方法和施工机具

外墙装饰施工方法与内墙装饰大致相同。不同的是外墙受温度影响较大，通常须设置分格缝，就多了分格条的施工过程。

3.6.3 装饰工程流水施工组织

1. 装饰工程流水施工组织的步骤

（1）划分施工过程。按照划分施工过程的原则，把起主导作用的、影响工期的施工过程单独列项。

（2）划分施工段。为了组织流水施工，应按照划分施工段的原则，结合实际工程情况划分施工段，并注意以下几点。

涂饰工程施工方案（施工组织设计）

① 要有利于结构的整体性，尽量利用伸缩缝或沉降缝、平面上有变化处、留槎不影响质量处以及可留施工缝处等作为施工段的分界线。住宅可按单元、楼层划分；厂房可按跨、按生产线划分；建筑群还可按区、栋分段。

② 要使各段工程量大致相等，以便组织有节奏的流水施工，使劳动组织相对稳定、各班组能连续均衡施工，减少停歇和窝工。

③ 施工段数应与施工过程数相协调，尤其在组织楼层结构流水施工时，每层的施工段数应大于或等于施工过程数。段数过多，可能延长工期或使工作面过窄；段数过少，则无法进行流水施工，导致劳动力窝工或机械设备停歇。

④ 分段施工的大小应与劳动组织（或机械设备）及其生产能力相适应，保证足够的工作面，以便于操作，发挥生产效率。

（3）组织专业班组。按工种组织单一或混合专业班组，连续施工。

（4）组织流水施工，绘制进度计划。

2. 装饰工程的流水施工组织

装饰工程平面上一般不分段，立面上分段，通常把一个结构楼层作为一个施工段。外墙装饰可划分为一个施工过程，采用自上而下的流向组织施工。内墙装饰一般划分为楼地面施工、天棚及内墙抹灰（内抹灰）、门窗扇的安装、涂料工程 4 个施工过程，可采用自上而下或自下而上的流向组织施工，绘制时按楼层排列。

习　题

一、单项选择题（每小题只有 1 个正确选项）

1. 下列哪种情况无须采用桩基础？（　　）

A. 高大建筑物，深部土层软弱　　　　B. 普通低层住宅

C. 上部荷载较大的工业厂房　　　　　D. 变形和稳定要求严格的特殊建筑物

2. 锤击沉桩时，为防止桩受冲击应力过大而损坏，应力求（　　）。

A. 轻锤重击　　　　　　　　　　　B. 轻锤轻击

C. 重锤重击　　　　　　　　　　　D. 重锤轻击

3. 下列工作不属于打桩准备工作的是（　　）。

A. 平整施工场地　　　　　　　　　B. 制作预制桩

C. 定位放线　　　　　　　　　　　D. 安装打桩机

4. 大面积高密度打桩不易采用的打桩顺序是（　　）。

A. 由一侧向单一方向进行　　　　　B. 自中间向两个方向对称进行

C. 自中间向四周进行　　　　　　　D. 分区域进行

5. 关于打桩质量控制下列说法不正确的是（　　）。

A. 桩尖所在土层较硬时，以贯入度控制为主

B. 桩尖所在土层较软时，以贯入度控制为主

C. 桩尖所在土层较硬时，以桩尖设计标高控制为参考

D. 桩尖所在土层较软时，以桩尖设计标高控制为主

6. 下列哪一项不是"三一"砌筑的内容？（　　）

A. 一铲灰　　　　　　　　　　　　B. 一杆尺

C. 一块砖　　　　　　　　　　　　D. 揉一揉

7. 下列哪种不是工程中常用脚手架的形式？（　　）

A. 桥式脚手架　　　　　　　　　　B. 多立杆式脚手架

C. 悬挑脚手架　　　　　　　　　　D. 升降式脚手架

8. 扣件式脚手架属于（　　）脚手架形式。

A. 框式　　　　　　　　　　　　　B. 吊式

C. 挂式　　　　　　　　　　　　　D. 多立杆式

9. （　　）施工过程不属于混凝土工程的主要环节。

A. 混凝土制备与运输　　　　　　　B. 浇筑与捣实

C. 绑扎钢筋　　　　　　　　　　　D. 混凝土制备与浇筑

10. 当屋面坡度大于 15% 或受振动时，防水卷材的铺贴要求为（　　）。

A. 平行屋脊　　　　　　　　　　　B. 垂直屋脊

C. 中间平行屋脊，靠墙处垂直屋脊　D. 靠墙处平行屋脊，中间垂直屋脊

11. 抹灰工程应遵循的施工顺序是（　　）。

A. 先室内后室外　　　　　　　　　B. 先室外后室内

C. 先下面后上面　　　　　　　　　D. 先复杂后简单

二、多项选择题（每小题有 2～5 个正确选项）

1. 土方工程的施工往往具有（　　）等特点。
A. 工程量大
B. 劳动繁重
C. 施工条件复杂
D. 施工工期长
E. 机械化程度高

2. 土方开挖应遵循（　　）的原则。
A. 开槽支撑
B. 先撑后挖
C. 分层开挖
D. 严禁超挖
E. 准备预案

3. 挖土机根据工作装置可分成（　　）等类型。
A. 正铲
B. 斜铲
C. 抓铲
D. 拉铲
E. 反铲

4. 钢筋连接的方法通常有（　　）。
A. 绑扎连接
B. 焊接连接
C. 锚接连接
D. 机械连接
E. 吸盘连接

5. 灌注桩按成孔方法可分为（　　）等。
A. 泥浆护壁灌注桩
B. 干作业成孔灌注桩
C. 沉管灌注桩
D. 人工挖孔灌注桩
E. 爆扩灌注桩

6. （　　）工程属于装饰工程。
A. 内外墙抹灰
B. 顶棚抹灰
C. 外墙贴墙砖
D. 楼地面镶地砖
E. 门窗工程

7. 砌筑工程质量的基本要求是（　　）。
A. 横平竖直
B. 轴线准确
C. 砂浆饱满
D. 上下对直、内外搭接
E. 接槎牢固

8. 钢筋混凝土工程一般由（　　）组成。
A. 模板工程
B. 钢筋工程
C. 混凝土工程
D. 混凝土搅拌工程
E. 材料运输工程

9. 钢筋混凝土结构的施工缝宜留置在（　　）。
A. 剪力较小位置
B. 便于施工位置
C. 弯矩较小位置
D. 两构件接点处
E. 剪力较大位置

10. （　　）防水屋面属于柔性防水。
A. 细石混凝土防水
B. 涂膜防水

C. 水泥砂浆防水　　　　　　　　D. 卷材防水

E. 结构自防水

11. 卷材防水施工一般要经过（　　）等工序。

A. 基层处理　　　　　　　　　　B. 做隔汽层

C. 做保温层　　　　　　　　　　D. 找平层

E. 油膏嵌缝

三、简答题

1. 简要说明施工方案的制订步骤。

2. 简要说明主要施工方法的要点。

3. 简述大型机械设备选择应考虑的因素。

4. 简述多层框架结构建筑的施工顺序。

4 施工进度计划及资源配置计划的编制

4.1 施工进度计划编制

施工进度计划是为实现设定的工期目标，对各项施工过程的施工顺序、起止时间和衔接管理所做的统筹策划和安排。单位工程施工进度计划应按照施工部署进行编制。施工进度计划一般有两种表达方式，即横道图和网络图，并附必要说明。

4.1.1 用横道图表达施工进度计划

横道图以图表形式反映施工进度计划，如图 4.1 所示。图表由左右两部分组成，左边部分反映拟建工程所划分的施工项目、工程量、劳动量或机械台班量、施工人数及工作延续时间等内容，右边是时间图表部分。

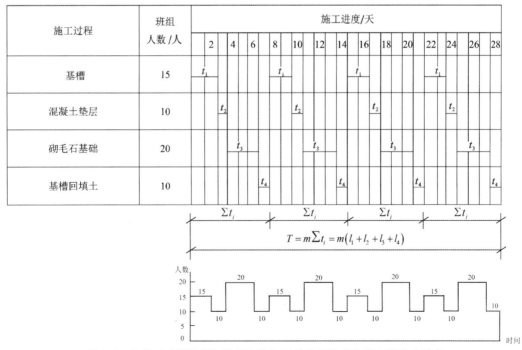

图 4.1 按栋（或施工段）组织依次施工的施工进度安排和劳动力需求

在实际工程中，用横道图表达进度计划，就需要计算出施工工期和一些时间参数数据，而这些数据是通过对工程施工的组织获得的。流水施工是组织工程施工的一种常用的科学方法。

1. 流水施工的基本概念

（1）组织施工的 3 种方式。

任何建筑工程的施工都可以分解为许多施工过程，每个施工过程又可以由一个或多个专业或混合的施工班组负责。每个施工过程的活动都包括各项资源的调配问题，其中，最基本的是劳动力的组织安排问题。劳动力的组织安排不同，施工方法也不相同。通常情况下，组织施工可以采用依次施工、平行施工、流水施工 3 种方式。现就 3 种方式的施工特点和效果进行对比分析。

① 依次施工。依次施工是指将拟建工程项目中的每一个施工对象分解为若干个施工过程，按施工工艺要求依次完成每一个施工过程；当一个施工对象完成后，再按同样的顺序完成下一个施工过程，依次类推，直至完成所有施工过程。这种方式的施工进度安排、劳动力需求如图 4.1、图 4.2 所示。

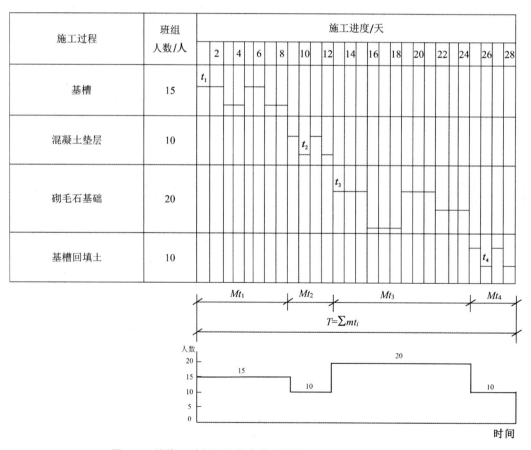

图 4.2 按施工过程组织依次施工的施工进度安排和劳动需求

由图4.1、图4.2可以看出，这种组织方式具有以下特点：按施工段组织依次施工表明，各专业班组不能连续、均衡地施工，易产生窝工现象，同时工作面轮流闲置，不能连续使用，导致施工工期长；按施工过程组织依次施工表明，各专业班组能连续、均衡地施工，但工作面使用不充分；单位时间内投入的劳动力、施工机具、材料等资源量较少，施工现场的组织、管理比较简单。

依次施工组织方式适用于工作面小、规模小、工期要求不是很紧的工程。

② 平行施工。平行施工是指组织几个劳动组织相同的工作队，在同一时间、不同的空间，按施工工艺要求完成各施工过程。这种方式的施工进度安排、总劳动力需求曲线如图4.3所示。

[例4.1]　现设有4栋同类型建筑的基础工程施工，每一栋的基础工程施工包括基槽、混凝土垫层、砌毛石基础、基槽回填土4个施工过程，每个施工过程的施工天数分别为2天、1天、3天和1天，各工作队的人数分别为15人、10人、20人和10人。

由图4.3可以看出，这种组织方式具有以下特点：工期短，工作面能充分利用，单位时间内投入的劳动力、施工机具、材料等资源量成倍增加，施工现场的组织、管理比较复杂。

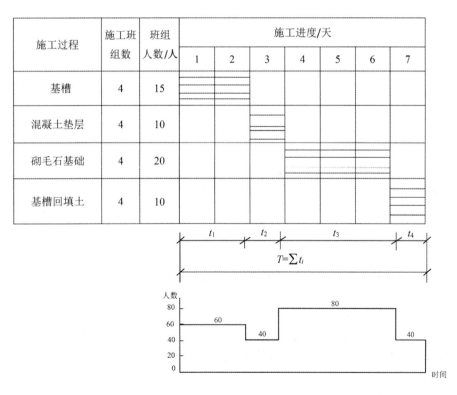

图4.3　平行施工的施工进度安排和劳动力需求

平行施工组织方式，适用于工期要求紧的工程及大规模的建筑群的施工。

③ 流水施工。流水施工方式是将拟建工程项目中的每一个施工对象分解为若干个施工过程，并按照施工过程成立相应的专业工作队，各专业队按照施工顺序依次完成各个施工阶段的施工过程，同时保证施工在时间和空间上连续、均衡、有节奏地进行，使相邻两个专业队能最大限度地搭接作业。这种方式的施工进度安排、劳动力需求如图 4.4 所示。

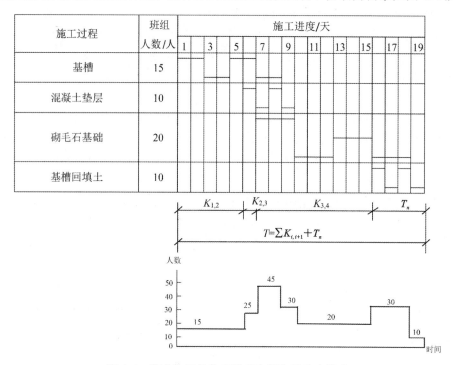

图 4.4　流水施工的施工进度安排和劳动力需求

从图 4.4 可以看出，这种组织方式具有以下特点：流水施工组织方式具有依次施工和平行施工的优点，工期比较合理；专业班组均能连续施工，无窝工现象；前后施工过程尽可能平行搭接施工，比较充分地利用了施工工作面；单位时间内投入的劳动力、施工机具、材料等资源比较均衡，便于施工现场管理。

（2）流水施工的分类。

流水施工的分类是组织流水施工的基础，它有多种分类方法。

① 按流水施工的组织范围分类。根据组织流水施工的工程对象的范围，流水施工可以划分为分项工程流水施工、分部工程流水施工、单位工程流水施工和群体工程流水施工。

a. 分项工程流水施工。分项工程流水施工又称施工过程流水施工或细部流水施工。它是在一个专业工种内部组织起来的流水施工。在项目施工进度计划表上，它是一条标有施工段或工作队编号的水平进度指示线段或斜向进度指示线段，也是组织流水施工的基本单元。

b. 分部工程流水施工。分部工程流水施工又称专业流水施工。它是在一个分部工程内部、各分项工程之间组织起来的流水施工。在项目施工进度计划表上，它是一组标有施工段或工作队编号的水平进度指示线段或斜向进度指示线段，也是组织流水施工的基本方法。

c. 单位工程流水施工。单位工程流水施工是在一个单位工程内部、各分部工程之间组织起来的流水施工。在项目施工进度计划表上，它是若干组分部工程的进度指示线段，并构成了一个单位工程施工进度计划。

d. 群体工程流水施工。群体工程流水施工是在若干单位工程之间组织起来的流水施工。在项目施工进度计划表上，它是一个项目施工总进度计划。

② 按流水施工的节奏特征分类。根据流水施工的节奏特征，流水施工可以划分为有节奏流水施工和无节奏流水施工。

（3）流水施工的表示方式。

流水施工的表达方式有 3 种：水平图表（横道图）、垂直图表（斜线图）和网络图。

① 水平图表（横道图）。流水施工的横道图表达形式如图 4.4 所示，其左边垂直方向列出各施工过程的名称，右边用水平线段表示施工进度；各个水平线段的左边端点表示工作开始施工的瞬间，水平线段的右边端点表示工作在该施工段上结束的瞬间，水平线段的长度代表该工作在该施工段上的持续时间。水平图表（横道图）表示法的优点有绘图简单、形象直观、使用方便等，因而被广泛用来表达施工进度计划。

② 垂直图表（斜线图）。垂直图表是以水平方向表示施工的进度，垂直方向表示各个施工段，各条斜线分别表示各个施工过程的施工情况，斜线的左下方表示该施工过程开始施工的时间，斜线的右上方表示该施工过程结束的时间，斜线间的水平距离表示相邻施工过程开工的时间间隔。垂直图表表示法的优点有施工过程及其先后顺序表达清楚，时间和空间状况形象直观，斜向进度线的斜率可以直观地表示各施工过程的进展速度，但编制实际工程进度计划不如横道图方便，如图 4.5 所示。

③ 网络图。网络图的表达形式，详见 4.2 节。

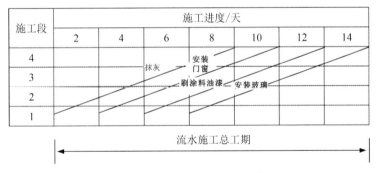

图 4.5　流水施工垂直图表示法

（4）流水施工的组织要点。

① 划分施工过程。首先根据工程特点和施工要求，将拟建工程划分为若干个分部工程；再按施工工艺要求、工程量大小及施工班组情况，将分部工程划分为若干个分项工程。

② 划分施工段。根据组织流水施工的需要，将拟建工程尽可能地划分为劳动量大致相等的若干个部分，即施工段。

③ 每个施工过程组织独立的施工班组。在一个流水分部中，每个施工过程尽可能组织独立的施工班组，使每个施工班组按施工顺序依次、连续、均衡地从一个施工段转移到另一个施工段进行相同的操作。

④ 主要施工过程必须连续、均衡地施工。主要施工过程是指工程量较大、作业时间较长的施工过程。对于主要施工过程必须连续、均衡地施工；对其他次要施工过程，可考虑与相邻的施工过程合并，如不能合并，为缩短工期，可安排间断施工。

⑤ 不同施工过程尽可能组织平行搭接施工。不同施工过程之间的关系，关键是工作时间上有搭接和工作空间上有搭接的施工过程。在有工作面的条件下，除必要的技术和组织间歇时间外，应尽可能组织平行搭接施工。

2. 流水施工的主要参数

为了准确、清楚地表达流水施工在时间和空间上的进展情况，一般采用一系列的参数来表达。流水施工的主要参数包括工艺参数、空间参数和时间参数 3 种。

（1）工艺参数。

工艺参数是指用以表达流水施工在施工工艺上开展顺序及其特征的参数。通常，工艺参数包括施工过程数和流水强度两种。

① 施工过程数。施工过程数是指拟建工程在组织流水施工时所划分的施工过程数目，用符号 n 表示。

在施工项目施工中，施工过程的范围可大可小，既可以是分部、分项工程，又可以是单位工程或单项工程。它是流水施工的基本参数之一，根据工艺性质不同，分为制备类施工过程、运输类施工过程、砌筑安装类施工过程 3 种。

② 流水强度。流水强度是指某施工过程在单位时间内所完成的工程量，一般用 V_i 表示。

机械施工过程的流水强度为

$$V_i = \sum_{i=1}^{x} R_i S_i \tag{4.1}$$

式中：V_i——某施工过程 i 的机械操作流水强度；

　　　R_i——投入施工过程 i 的某施工机械的台数；

　　　S_i——投入施工过程 i 的某施工机械的台班产量定额；

　　　x——投入施工过程 i 的某施工机械的种类。

人工施工过程的流水强度为

$$V_i = R_i S_i \tag{4.2}$$

式中：V_i——投入施工过程 i 的人工操作流水强度；

　　　R_i——投入施工过程 i 的工作队人数；

　　　S_i——投入施工过程 i 的工作队的平均产量定额。

（2）空间参数。

空间参数是指在组织流水施工时，用于表达其在空间布置上所处状态的参数，包括工作面、施工段数和施工层数。

① 工作面。工作面（用符号 A 表示）是某专业工种的施工人员或机械施工时所必须具备的活动空间。它是根据相应工种单位时间内的产量定额、工程操作规程和安全规程等内容要求确定的。工作面确定的合理与否，直接影响专业工作队的生产效率。工作面的计量单位因施工过程性质不同有所区别，主要工种的工作面可见表 4.1。

表 4.1　主要工种工作面参考数据表

工作项目	每个技工的工作面	说明
砖基础	7.6m/人	以 1.5 砖计， 2 砖乘以 0.8，3 砖乘以 0.55
砌砖墙	8.5m/人	以 1 砖计， 1.5 砖乘以 0.71，2 砖乘以 0.75
毛石墙基	3m/人	以 60cm 计
毛石墙	3.3m/人	以 40cm 计
混凝土柱、墙基础	8m³/人	机拌、机捣
混凝土设备基础	7m³/人	机拌、机捣
现浇钢筋混凝土柱	2.45m³/人	机拌、机捣
现浇钢筋混凝土梁	3.20m³/人	机拌、机捣
现浇钢筋混凝土墙	5m³/人	机拌、机捣
现浇钢筋混凝土楼板	5.3m³/人	机拌、机捣
预制钢筋混凝土柱	3.6m³/人	机拌、机捣
预制钢筋混凝土梁	3.6m³/人	机拌、机捣
预制钢筋混凝土层架	2.7m³/人	机拌、机捣
预制钢筋混凝土平板、空心板	1.91m³/人	机拌、机捣
预制钢筋混凝土大型屋面板	2.62m³/人	机拌、机捣
混凝土地坪及面层	40m²/人	机拌、机捣
外墙抹灰	16m²/人	
内墙抹灰	18.5m²/人	
卷材屋面	18.5m²/人	
防水水泥砂浆屋面	16m²/人	
门窗安装	11m²/人	

② 施工段数。在组织流水施工时，通常把所建工程项目在平面上划分成若干个劳动量大致相等的施工区域，这些施工区域称为施工段，一般用 m 表示。

划分施工段的目的是组织流水施工，保证不同的施工班组能在不同的施工段上同时施工，从而使各施工班组按照一定的时间间隔从一个施工段转到另一个施工段进行连续施工，这样既消除等待、停歇现象，又互不干扰，同时又缩短了工期。

划分施工段的基本要求如下。

a. 施工段的数目要合理。施工段数过多，势必要减少工作面上的施工人数，工作面不能充分利用，导致工期拖长；施工段数过少，则会引起劳动力、机械和材料供应的过分集中，有时还会造成"断流"的现象。

b. 以主导施工过程为依据。主导施工过程往往对工期起控制作用，因而划分施工段时应以主导施工过程为依据。如现浇钢筋混凝土框架主体工程施工，应首先考虑钢筋混凝土工程施工段的划分。

c. 要有利于结构的整体性。施工段的分界线应尽可能与结构界限（如沉降缝、伸缩缝等）一致，或设在对建筑结构整体性影响小的部位。

d. 各施工段的劳动量（或工程量）要大致相等，其相差幅度不宜超过 10%。

e. 考虑工作面的要求。施工段的划分应保证专业班组或施工机械在各施工段上有足够的工作面，既要提高工效，又要保证施工安全。

f. 当组织流水施工对象有层间关系时，应使各队能够连续施工，即各施工过程的工作队做完第一段能立即转入第二段，做完第一层的最后一段能立即转入第二层的第一段。因此每层的施工段数 m 应大于或等于其施工过程数 n，即 $m \geqslant n$。

[例 4.2]　某局部二层的现浇钢筋混凝土结构的建筑物，现浇结构的施工过程为支模板、绑扎钢筋和浇筑混凝土，即 $n=3$；各个施工过程在各施工段上的持续时间均为 3 天。施工段的划分有以下 3 种情况。

第一种情况：当 $m=n$，即 $m=3$、$n=3$ 时，其施工进度计划如图 4.6 所示。

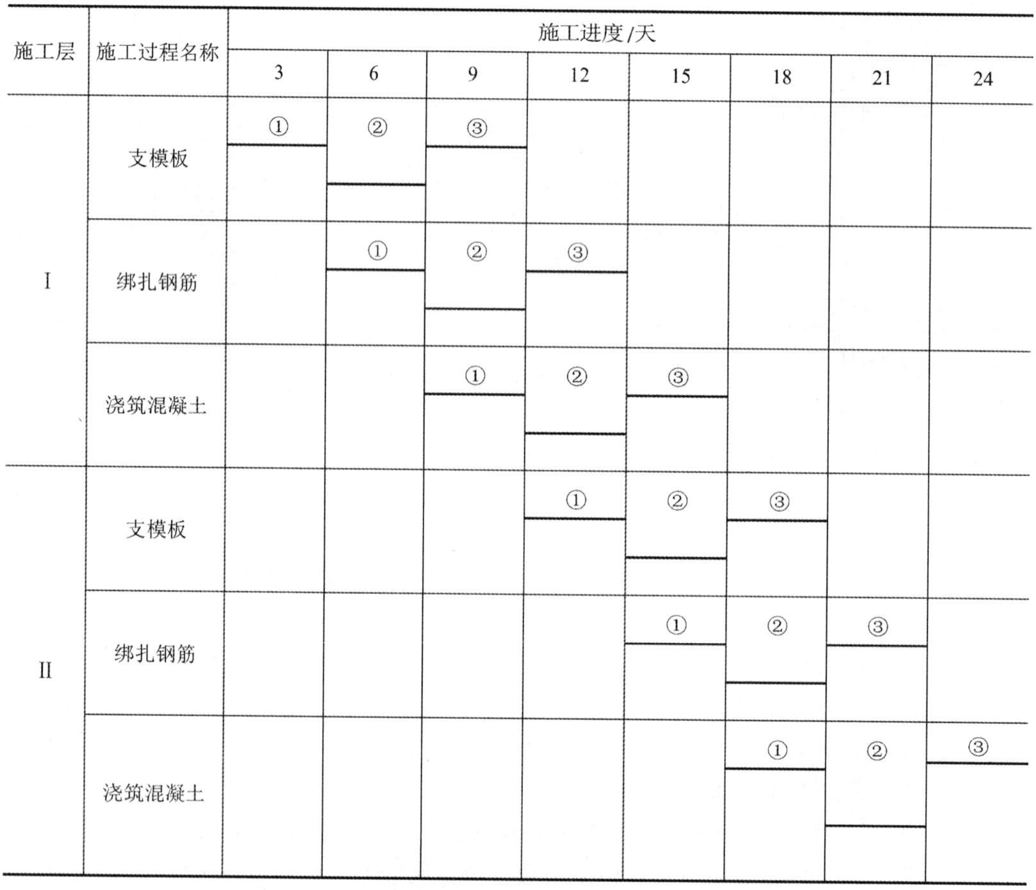

施工层	施工过程名称	施工进度/天							
		3	6	9	12	15	18	21	24
I	支模板	①	②	③					
	绑扎钢筋		①	②	③				
	浇筑混凝土			①	②	③			
II	支模板				①	②	③		
	绑扎钢筋					①	②	③	
	浇筑混凝土						①	②	③

图 4.6　$m=n$ 时流水施工开展状况

由图 4.6 可知，当 $m=n$ 时，各专业班组能连续施工，施工段上始终有施工专业班组，工作面能充分利用，无停歇现象，也不会产生工人窝工现象，这种情况比较理想。

第二种情况：当 $m>n$，即 $m>3$、$n=3$ 时，取 $m=4$，其施工进度计划如图 4.7 所示。

施工层	施工过程名称	施工进度/天									
		3	6	9	12	15	18	21	24	27	30
I	支模板	①	②	③	④						
	绑扎钢筋		①	②	③	④					
	浇筑混凝土			①	②	③	④				
II	支模板					①	②	③	④		
	绑扎钢筋						①	②	③	④	
	浇筑混凝土							①	②	③	④

图 4.7 $m>n$ 时流水施工开展状况

由图 4.7 可知，当 $m>n$ 时，各专业班组仍能连续作业，但第一层浇筑完混凝土后，不能立刻投入下一层的支模板工作，即施工段出现了空闲，工作面未被充分利用，从而使工期延长。但工作面的停歇并不一定有害，有时还是必要的，如可以利用停歇的时间进行养护、备料及做一些准备工作。

第三种情况：当 $m<n$，即 $m<3$、$n=3$ 时，取 $m=2$，其施工进度计划如图 4.8 所示。

由图 4.8 可知，尽管施工段上未出现停歇，工作面使用充分，但各专业班组不能连续施工，出现轮流窝工现象。因此，这种流水施工是不适宜的，但可以用来组织建筑群的流水施工。

从上面三种情况可以看出，施工段的多少，直接影响工期的长短，而且要想保证专业工作队能够连续施工，必须使 $m>n$。

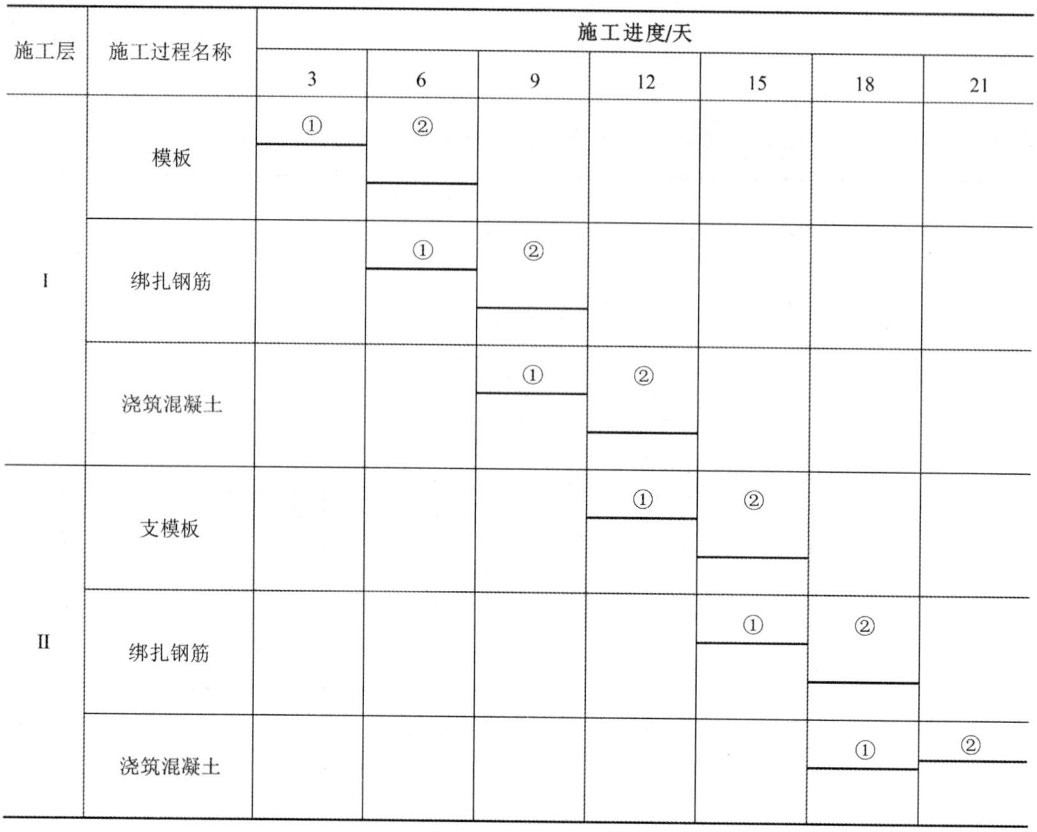

施工层	施工过程名称	施工进度/天						
		3	6	9	12	15	18	21
I	模板	①	②					
	绑扎钢筋		①	②				
	浇筑混凝土			①	②			
II	支模板				①	②		
	绑扎钢筋					①	②	
	浇筑混凝土						①	②

图 4.8　$m < n$ 时流水施工开展状况

③ 施工层数。在组织流水施工时，为了满足专业工种对操作高度和施工工艺的要求，将拟建工程项目在竖向上分为若干个操作层，这些操作层称为施工层，一般用符号 r 表示。

（3）时间参数。

时间参数是流水施工中反映施工过程在时间排列上所处状态的参数，一般有流水节拍、流水步距、间歇时间、平行搭接时间、流水施工工期等。

① 流水节拍。流水节拍是指从事某一施工过程的施工班组在一个施工段上完成施工任务所需的时间，用符号 i（$i = 1, 2, \cdots$）表示。

a. 流水节拍的确定。流水节拍是流水施工的主要参数之一，它表明流水施工的速度和节奏性。流水节拍小，其流水速度快，节奏感强。流水节拍决定单位时间的资源供应量，同时，流水节拍也是区别流水施工组织方式的特征参数。因此，合理确定流水节拍具有重要意义。

流水节拍通常有 3 种确定方法：定额计算法、经验估算法、工期计算法。

A. 定额计算法。这是根据各施工段的工程量和现有能够投入的资源量（劳动力、机械台数和材料数量等），按式（4.3）或式（4.4）进行计算。

$$t_i = \frac{Q_i}{S_i R_i N_i} = \frac{P_i}{R_i N_i} \tag{4.3}$$

或

$$t_i = \frac{Q_i H_i}{R_i N_i} = \frac{P_i}{R_i N_i} \qquad (4.4)$$

式中：t_i——某专业班组在第 i 施工段的流水节拍；

　　　Q_i——某专业班组在第 i 施工段要完成的工程量；

　　　S_i——某专业班组的计划产量定额；

　　　H_i——某专业班组的计划时间定额；

　　　R_i——某专业班组投入的工作人数或机械台数；

　　　N_i——某专业班组的工作班次；

　　　P_i——某专业班组在第 i 施工段需要的劳动量或机械台班数量，由式（4.7）
　　　　　确定。

B. 经验估算法。它是根据以往的施工经验进行估算的。一般为了提高其准确程度，往往先估算该流水节拍的最长、最短和正常（即最可能）3 种时间，然后据此求出期望时间作为某专业工作队在某施工段上的流水节拍。因此，本法也称为三种时间估算法。一般按式（4.5）进行计算。

$$t_i = \frac{a + 4c + b}{6} \qquad (4.5)$$

式中：t_i——某施工过程在某施工段上流水节拍；

　　　a——某施工过程在某施工段上的最短估算时间；

　　　b——某施工过程在某施工段上的最长估算时间；

　　　c——某施工过程在某施工段上的正常估算时间。

C. 工期计算法。对某些施工任务在规定日期内必须完成的工程项目，往往采用倒排进度法计算流水节拍，具体步骤如下。

第一步：根据工期倒排进度，确定某施工过程的工作持续时间。

第二步：确定某施工过程在某施工段上的流水节拍。若同一施工过程的流水节拍不等，则用估算法；若流水节拍相等，则按式（4.6）进行计算。

$$t = \frac{T}{m} \qquad (4.6)$$

式中：t——流水节拍；

　　　T——某施工过程的工作持续时间；

　　　m——某施工过程划分的施工段数。

若流水节拍根据工期要求来确定，必须检查劳动力和机械供应的可能性，以及物资供应能否相适应。

b. 人工施工过程的流水强度见式（4.7）

$$P_i = \frac{Q_i}{S_i} = Q_i H_i \qquad (4.7)$$

c. 确定流水节拍应考虑的因素。确定流水节拍时，如果有工期要求，要以满足工期要求为原则，同时要考虑各种资源的供应情况、最少劳动力组合和工作面的大小、施工及计算条件的要求等。节拍值一般取整数，必要时可保留 0.5 天（台班）的小数值。

② 流水步距。流水步距是指相邻两个专业班组相继进入同一施工段开始施工的时间间隔。通常用 $K_{i, i+1}$ 表示。

流水步距的大小对工期有很大的影响。一般来说，在流水段不变的条件下，流水步距越大，工期越长；流水步距越小，则工期越短。

流水步距的数目取决于流水的施工过程数，施工过程（或班组）个数为 n，则流水步距的个数为 $(n-1)$。

确定流水步距应根据以下原则。

a. 流水步距要满足相邻两个专业工作队在施工顺序上的相互制约关系。

b. 流水步距要保证各专业工作队都能连续作业。

c. 流水步距要保证相邻两个专业工作队，在开工时间上最大限度地、合理地搭接。

d. 流水步距的确定要保证工程质量，满足安全生产。

确定流水步距的方法很多，简捷、实用的方法主要有图上分析计算法（公式法）和累加数列法（潘特考夫斯基法）。流水步距确定见流水施工的组织方式。

③ 间歇时间。在流水施工中，工艺或组织使施工过程之间必须存在的时间间隔，称为间歇时间，用 t_j 表示。

a. 技术间歇时间。技术间歇时间是指由于施工工艺或质量保证的要求，在相邻两个施工过程之间必须留有的时间间隔，如混凝土浇捣后的养护时间、砂浆抹面和油漆面的干燥时间等。

b. 组织间歇时间。组织间歇时间是指由于施工组织的需要，在相邻两个施工过程之间留有的时间间隔，如墙体砌筑前的墙身位置弹线所需的时间，施工人员、机械转移所需的时间，回填土前地下管道检查验收的时间等。

④ 平行搭接时间。在组织流水施工时，有时为了缩短工期，在工作面允许的条件下，如果前一个专业工作队完成部分施工任务后，能够提前为后一个专业工作队提供工作面，使后者提前进入前一个施工段，两者在同一施工段上平行搭接施工，这个搭接的时间称为平行搭接时间，用 t_d 表示。

⑤ 流水施工工期。流水施工工期是指完成一项工程任务或一个流水组施工所需的时间。施工工期用 T 表示，计算公式如下。

$$T = \sum K_{i, i+1} + T_n \tag{4.8}$$

式中：$\sum K_{i, i+1}$——流水施工中各施工过程之间的流水步距之和；

T_n——流水施工中最后一个施工过程的持续时间。

3. 流水施工的组织

流水施工的节奏是由节拍决定的，由于建筑工程的多样性和各分部工程的工程量的差异性，要想使所有的流水施工都形成统一的流水节拍是很困难的。因此，在大多数情况下，各施工过程的流水节拍不一定相等，有的甚至同一施工过程在不同的施工段上流水节拍也不相同，这样就形成了不同节奏特征的流水施工。

流水施工根据节奏特征的不同，分为有节奏流水施工和无节奏流水施工两大类。

（1）有节奏流水施工。

有节奏流水施工是同一施工过程在各施工段上的流水节奏都相等的一种流水施工方式。有节奏流水施工又根据不同施工过程之间的流水节拍是否相等，分为等节奏流水施工和异节奏流水施工两种类型。

① 等节奏流水施工。等节奏流水施工是同一施工过程在各施工段上的流水节拍都相等，并且不同施工过程之间的流水节拍也相等的一种流水施工方式，即各施工过程的流水节拍均为常数，故也称为全等节拍流水施工或固定节拍流水施工。

a. 等节奏流水施工的特征。各施工过程的流水彼此相等；施工过程的专业班组数等于施工过程数；流水步距（不包含间歇时间和搭接时间）彼此相等，而且等于流水节拍值；各专业工作队在各施工段上能够连续作业，施工段之间没有空闲时间。

b. 主要流水参数的确定。施工段数（m）的确定：无层间关系时，宜取 $m=n$；有层间关系时，为了保证各施工班组连续施工，应取 $m>n$，m 可按下式计算。

间歇相等时：

$$m = n + \frac{\sum t_{j1}}{K} + \frac{t_{j2}}{K} \qquad (4.9)$$

间歇不相等时：

$$m = n + \frac{\max \sum t_{j1}}{K} + \frac{\max t_{j2}}{K} \qquad (4.10)$$

式中：m——施工段数；

$\quad\quad n$——施工过程数；

$\quad\quad K$——流水步距；

$\quad\quad t_{j1}$——一个楼层内间歇时间；

$\quad\quad t_{j2}$——楼层间间歇时间。

流水步距可按下式计算：

$$K_{i,\,i+1} = t + t_j - t_d \qquad (4.11)$$

流水施工工期可按下式计算。

不分施工层时：

$$T = (m + n - 1)t + \sum t_j - \sum t_d \qquad (4.12)$$

分施工层时：

$$T = (mr + n - 1)t + \sum t_j - \sum t_d \qquad (4.13)$$

式中：$\sum t_j$——所有的间歇时间之和；

$\quad\quad \sum t_d$——所有的搭接时间之和。

其他符号含义同前。

c. 等节奏流水施工的组织要点。首先划分施工过程，将劳动量小的施工过程合并到相邻的施工过程中，以使各流水节拍相等；其次确定主要施工过程的施工班组人数，计算其流水节拍；最后根据已定的流水节拍，确定其他施工过程的班组人数及其组成。

d. 适用条件。等节奏流水是一种比较理想的流水施工方式，它能保证各专业施工班组连续、均衡地施工，能保证工作面充分利用，但是，在实际工程中，要使某分部工程的各个施工过程都采用相同的流水节拍，困难较大。因此，等节奏流水的组织方式仅适用于工程规模较小、施工过程数目不多的某些分部工程的流水。

[例4.3] 某工程划分为 A、B、C、D 4 个施工过程，每个施工过程分为 4 个施工段，流水节拍均为 3 天，试对该工程组织流水施工。

解：

① 确定流水步距：

$$K_{A-B}=k_{B-C}=t=3（天）$$

② 计算流水施工工期：

$$T=(m+n-1)\,t=(4+4-1)\times 3=21\ （天）$$

③ 用横线图绘制流水施工进度计划，如图 4.9 所示。

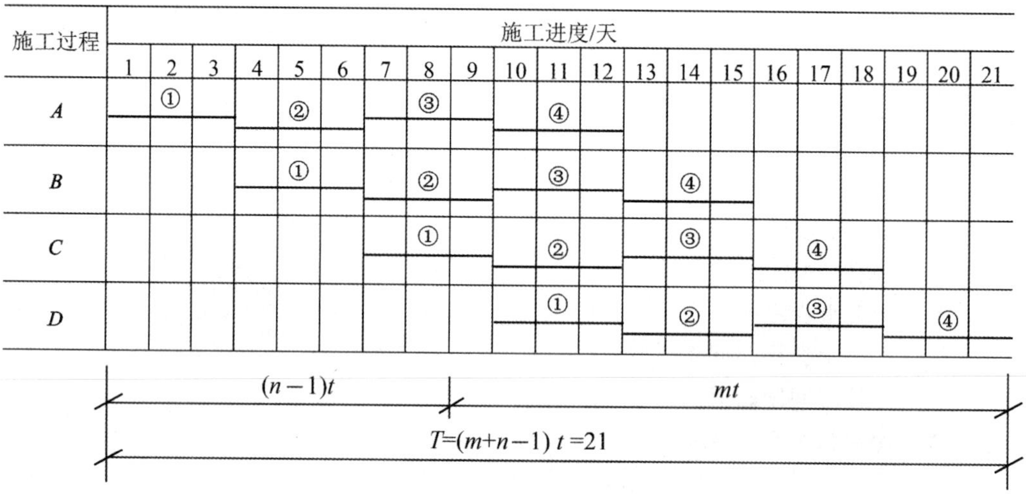

图4.9 全等节拍流水施工进度计划

② 异节奏流水施工。异节奏流水施工是同一施工过程在各施工段上的流水节奏都相等，不同施工过程之间的流水节奏不一定相等的一种流水施工方式。异节奏流水施工又分为异步距异节拍流水施工和等步距异节拍流水施工两种。

a. 异步距异节拍流水施工。异步距异节拍流水施工是指同一施工过程在各个施工段的流水节拍相等，不同施工过程之间的流水节拍不完全相等的流水施工方式，简称异节拍流水施工。

A. 异步距异节拍流水施工的特征：同一施工过程流水节拍相等，不同施工过程之间的流水节拍不完全相等；各施工过程之间的流水步距不完全相等；各施工班组能够在施工段上连续作业，但有的施工段之间可能有空闲；施工班组数等于施工过程数。

B. 异步距异节拍流水施工主要参数的确定：流水步距和流水施工工期。

流水步距的确定，可用"累加数列，错位相减，取大差法"求得，也可用下式求得。

$$K_{i,\,i+1} = \begin{cases} t_i + t_j - t_d & ，当\ t_i \leqslant t_{i+1}\ 时 \\ mt_i + (m-1)t_{i+1} - t_d & ，当\ t_i > t_{i+1}\ 时 \end{cases} \qquad (4.14)$$

式中：t_i——第 i 个施工过程的流水节拍；

$\qquad t_{i+1}$——第 $i+1$ 个施工过程的流水节拍。

流水施工工期可按下式计算。

$$T = \sum K_{i,\,i+1} + mt_n \qquad (4.15)$$

式中：t_n——最后一个施工过程的流水节拍。

其他符号含义同前。

C. 异步距异节拍流水施工组织要点：对于主导施工过程的施工班组在各施工段上应连续施工，允许有些施工段出现空闲，或有些班组间断施工，但不允许多个施工班组在同一施工段上交叉作业，更不允许发生工艺颠倒的现象。

D. 异步距异节拍流水施工适用范围：异步距异节拍流水施工适用于施工段大小相等或相近的分部和单位工程的流水施工，它在进度安排上比较灵活，应用范围较广。

[例 4.4]　某工程划分为 A、B、C、D 4 个施工过程，分为 4 个施工段，各施工过程的流水节拍分别为 $t_A = 3$ 天、$t_B = 2$ 天、$t_C = 4$ 天、$t_D = 2$ 天，B 施工过程完成后需有 1 天的技术间歇时间，试对该工程组织流水施工。

解：

① 确定流水步距，按式（4.14）得：

因 $t_A > t_B$，故 $K_{A,B} = mt_A - (m-1)t_B = 4 \times 3 - (4-1) \times 2 = 6$（天）

因 $t_B < t_C$，故 $K_{B,C} = t_B + t_j = 2 + 1 = 3$（天）

因 $t_C > t_D$，故 $K_{C,D} = mt_C - (m-1)t_D = 4 \times 4 - (4-1) \times 2 = 10$（天）

② 计算流水施工工期。

$$T = \sum K_{i,\,i+1} + mt_n = 6 + 3 + 10 + 4 \times 2 = 27（天）$$

③ 用横线图绘制流水施工进度计划，如图 4.10 所示。

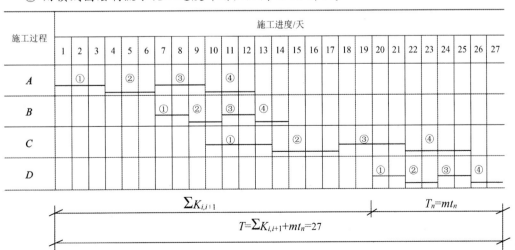

图 4.10　异步距异节拍流水施工进度计划

b. 等步距异节拍流水施工。等步距异节拍流水施工也称成倍节奏流水施工，是指同一施工过程在各施工段上的流水节拍都相等，不同施工过程之间的流水节拍不完全相等，但各施工过程的流水节拍均为最小流水节拍的整数倍（或流水节拍之间存在一个最大公约数）关系的流水施工方式。

A. 等步距异节拍流水施工的特征：同一施工过程的流水节拍相等，不同施工过程之间的流水节拍不完全相等，各施工过程的流水节拍均为最小流水节拍的整数倍；各专业班组之间的流水步距彼此相等，且等于最小流水节拍；各专业班组都能够保证连续施工，施工段没有空闲；专业班组队数大于施工过程数。

B. 等步距异节拍流水施工主要参数的确定：流水步距、施工班组数、施工段数、流水施工工期等。

流水步距可按下式计算：

$$K_b = t_{min} \tag{4.16}$$

式中：K_b——各专业施工班组之间的流水节拍；

t_{min}——所有流水节拍中最小流水节拍。

专业施工班组数可按下式计算：

$$b_i = \frac{t_i}{t_{min}} \tag{4.17}$$

$$n_1 = \sum b_i \tag{4.18}$$

式中：b_i——某施工过程所需专业班组数；

t_i——某施工过程流水节拍；

n_1——专业班组总数目。

施工段数 m 的确定：无层间关系时，宜 $m = n_1$；有层间关系时，为了保证各施工班组连续施工，应取 $m > n_1$，m 可按下式计算。

间歇相等时：

$$m = n_1 + \frac{\sum t_{j1}}{K_b} + \frac{t_{j2}}{K_b} \tag{4.19}$$

间歇不相等时：

$$m = n_1 + \frac{max \sum t_{j1}}{K_b} + \frac{max t_{j2}}{K_b} \tag{4.20}$$

式中：t_{j1}——一个楼层内间歇时间；

t_{j2}——楼层间间歇时间。

其他符号含义同前。

流水施工工期可按下式计算。

不分施工层时：

$$T = (m + n_1 - 1) t_{min} + \sum t_j - \sum t_d \tag{4.21}$$

分施工层时：

$$T = (mr + n_1 - 1) t_{min} + \sum t_j - \sum t_d \tag{4.22}$$

式中：r——施工层数。

其他符号含义同前。

C. 等步距异节拍流水施工的组织要点：首先根据工程对象和施工要求，将工程划分为若干个施工过程；其次根据预算出的工程量，计算每个过程的劳动量，再根据最小劳动量的施工过程班组人数确定最小流水节拍；最后确定其他各过程的流水节拍，调整班组人数，使各过程的流水节拍均为最小流水节拍的整数倍。

D. 等步距异节拍流水施工适用范围：成倍节奏流水施工方式在管道、线性工程中适用较多，在建筑工程中，也可根据实际情况选用此方式。

[例 4.5]　某分部有 A、B、C 3 个施工过程，$m=6$，流水节拍分别为 $t_A=2$ 天，$t_B=6$ 天，$t_C=4$ 天，试组织成倍节奏流水施工。

解：

① 确定流水步距：$K_b=t_{min}=\min\{2,6,4\}=2$（天）

② 确定专业施工班组数：

$$b_A=\frac{t_A}{t_{min}}=\frac{2}{2}=1（个）$$

$$b_B=\frac{t_B}{t_{min}}=\frac{6}{2}=3（个）$$

$$b_C=\frac{t_C}{t_{min}}=\frac{4}{2}=2（个）$$

$$n_1=1+3+2=6（个）$$

③ 计算流水施工工期：

$$T=(m+n_1-1)t_{min}=(6+6-1)\times2=22（天）$$

④ 用横线图绘制流水施工进度计划，如图 4.11 所示。

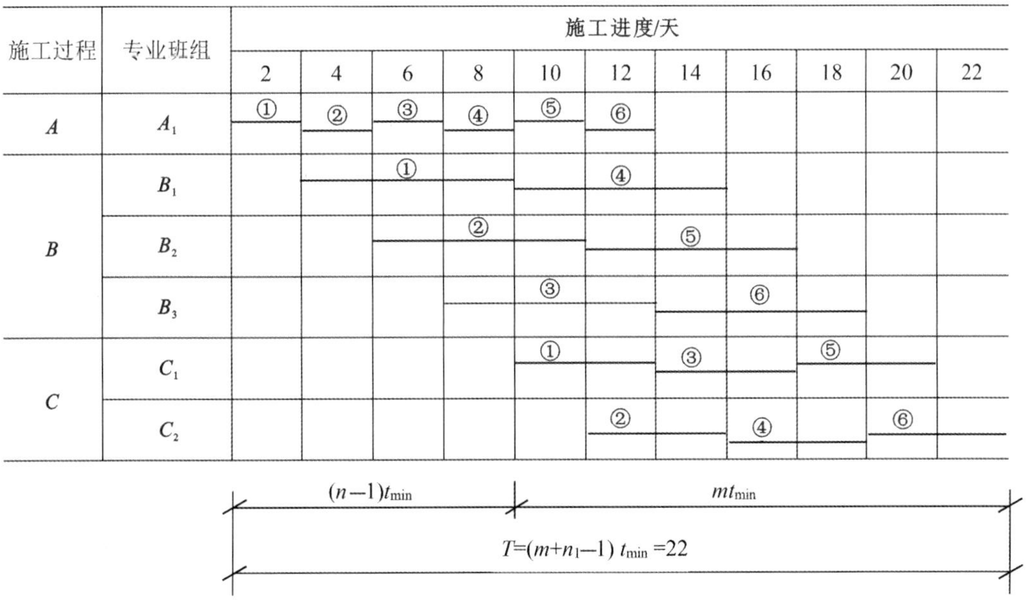

施工过程	专业班组	施工进度/天										
		2	4	6	8	10	12	14	16	18	20	22
A	A_1	①	②	③	④	⑤	⑥					
B	B_1			①			④					
	B_2				②			⑤				
	B_3					③			⑥			
C	C_1					①		③		⑤		
	C_2						②		④		⑥	

$(n-1)t_{min}$　　　　mt_{min}

$T=(m+n_1-1)t_{min}=22$

图 4.11　等步距异节拍流水施工进度计划

（2）无节奏流水施工。

无节奏流水施工是同一施工过程在各施工段上的流水节奏不完全相等的一种流水施工方式。在实际工程中，无节奏流水施工是常见的一种流水施工方式。

① 无节奏流水施工的主要特征：各施工过程在各施工段上的流水节拍不尽相等；各施工过程的施工速度也不尽相等，因此，两相邻施工过程的流水步距也不尽相等；专业班组能连续施工，但施工段可能空闲；专业班组数等于施工过程数。

② 无节奏流水施工主要施工参数的确定：在无节奏流水施工中，通常采用累加数列错位相减取大差法计算流水步距。这种方法是潘特考夫斯基首先提出的，故又称为"潘特考夫斯基法"。

累加数列错位相减取大差法的基本步骤如下。

第一步：将每个施工过程的流水节拍逐段累加。

第二步：错位相减，即前一个专业工作队由加入流水起到完成该段工作止的持续时间和减去后一个专业工作队由加入流水起到完成前一个施工段工作止的持续时间和（即相邻斜减），得到一组差数；

第三步：取上一步斜减差数中的最大值作为流水步距。

不分施工层时流水施工工期可按下式计算。

$$T = \sum K_{i,\ i+1} + \sum t_n \tag{4.23}$$

式中：$\sum t_n$——最后一个施工过程（或专业班组）在各施工段流水节拍之和。

其他符号含义同前。

③ 无节奏流水施工的组织要点。合理确定相邻施工过程之间的流水步距，保证各施工过程的工艺顺序合理，在时间上最大限度地搭接，并使施工班组尽可能在各施工段上连续施工。

④ 适用范围。当各施工段的工程量不等，各施工班组生产效率各有差异，并且不可能组织等节奏流水施工或异节奏流水施工时，就可以组织无节奏流水施工。无节奏流水是实际工程中常见的一种组织流水的方式，它不像有节奏流水那样有一定的时间规律约束，在进度安排上比较灵活、自由，因此，该方法实际应用中较为广泛。

[例4.6] 某分部工程流水节拍见表4.2，试计算流水步距和工期。

表4.2 某分部工程流水节拍

施工过程	施工段			
	1	2	3	4
A	3	2	4	2
B	2	3	2	3
C	2	2	3	3
D	1	4	3	1

解:

① 确定流水步距。

$K_{A,B}$:

	3	5	9	11	0
—*	0	2	5	7	10
	3	3	4	4	−10

注:表中"—"表示上一行数值与下一行数值相减,下同。

$$K_{A,B} = \max \{3, 3, 4, 4, -10\} = 4(天)$$

$K_{B,C}$:

	2	5	7	10	0
—*	0	2	4	7	10
	2	3	3	3	−10

$$K_{B,C} = \max \{2, 3, 3, 3, -10\} = 3(天)$$

$K_{C,D}$:

	2	4	7	10	0
—*	0	1	5	8	9
	2	3	2	2	−9

$$K_{C,D} = \max \{2, 3, 2, 2, -9\} = 3(天)$$

② 计算流水施工工期。

$$T = \sum K_{i,i+1} + \sum t_n = (4+3+3) + (1+4+3+1) = 19(天)$$

③ 用横线图绘制施工进度计划,如图 4.12 所示。

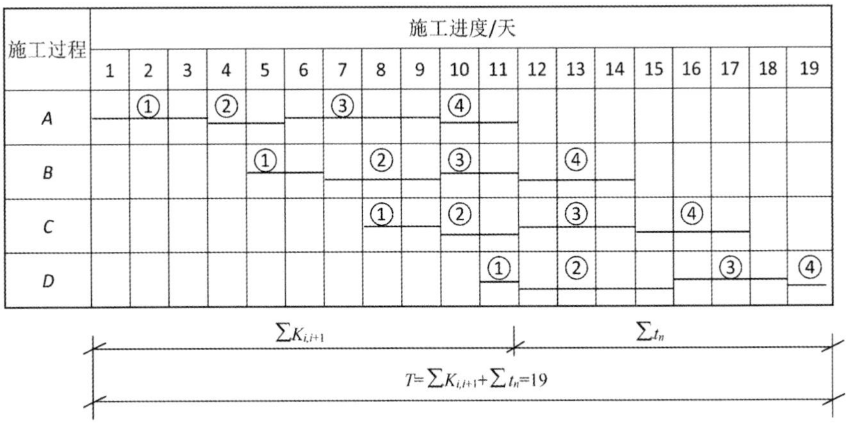

图 4.12 无节奏流水施工进度计划

在上述各种流水施工的基本方式中，等节奏流水和异节奏流水通常在一个分部或分项工程中，组织流水施工比较容易。但对一个单位工程，特别是一个大型的建筑群来说，要求所划分的分部、分项工程采用相同的流水参数组织流水施工，往往十分困难。这时常采用分别流水法组织施工，以便能较好地适应建筑工程施工要求。到底采取哪一种流水施工组织形式，除了分析流水节奏的特点，还要考虑工期要求和各项资源的供应情况。

4.1.2　用网络图表达施工进度计划

1. 网络计划简介

（1）网络计划的基本概念。

网络计划的基本原理：首先应用网络图形来表示一项计划（或工程）中各项工作的开展顺序及其相互之间的关系；通过对网络图进行时间参数计算，找出计划中的关键工作和关键线路；通过不断改进网络计划，寻求最优方案，以求在计划执行过程中对计划进行有效的控制与监督，保证合理地使用人力、物力和财力，以最小的消耗取得最大的经济效果。

施工进度
计划的编制
（规范）

网络图由箭线和节点组成，是用来表示工作流程的有向、有序的网状图形。

网络计划是指用网络图表达任务构成、工作顺序，并加注工作时间参数的进度计划。

利用网络图的形式表达各项工作之间的相互制约和相互依赖关系，并分析其内在规律，从而寻求最优方案的方法，称为网络计划技术。

（2）网络计划的优缺点。

网络计划同横道计划相比具有以下优点。

① 把整个网络计划中的各项工作组成一个有机整体，能明确地反映各项工作之间的先后顺序和相互制约、相互依赖的关系。

② 通过计算网络图各项时间参数，找出计划中的关键工作及关键线路，显示各工作的机动时间，从而使管理人员抓住主要矛盾，更好地利用和调配人、财、物等资源。

③ 在计划执行过程中进行有效的监测和控制，以便合理使用资源，优质、高效、低耗地完成预定的工作。

④ 通过网络计划的优化，可在若干个方案中找到最优方案。

⑤ 网络计划的编制、计算、优化、调整等可以用计算机协助完成，实现计划管理的科学化。

网络计划虽然具有以上优点，但还存在一些缺点，如表达计划不直观、进度状况不能一目了然，从图上很难看出流水施工的情况，绘图、识图较难等。

（3）网络计划的表示方式。

根据绘图符号表示的含义不同，网络计划可分为双代号网络计划和单代号网络计划；根据有无时间坐标（即按其箭线的长度是否按照时间坐标刻度表示），网络计划可分为无时标网络计划和时标网络计划。

2. 双代号网络计划

以一个箭线及两个节点的编号表示一个施工过程（或工作、工序、活动等）编制而成的网络图称为双代号网络图，如图 4.13 所示。工作名称写在箭线上方，工作持续时间写在箭线下方，箭线的方向表示工作的开展方向，箭尾表示工作的开始，箭头表示工作的结束，并在节点内进行编号，用箭尾节点号码 i 和箭头节点号码 j 作为这个工作的代号。各工作均用两个代号表示，所以叫作双代号表示方法，用双代号网络图表示的计划叫作双代号网络计划。

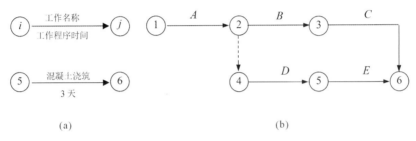

图 4.13 双代号网络图

(a) 一个工作；(b) 一个网络计划

(1) 双代号网络图的组成。

双代号网络图由箭线、节点、线路 3 个基本要素组成。

① 箭线。双代号网络图中，一条箭线代表一项工作，又称"工序""作业"或"活动"，如支模板、绑扎钢筋等。而工作所包含的范围可大可小，既可以是一道工序，也可以是一个分项工程或一个分部工程，甚至是一个单位工程。如何确定一项工作的范围取决于所绘制的网络计划的作用（控制性或指导性）。

在双代号网络图中，工作通常根据其完成过程中需要消耗时间和资源的程度不同可分为 3 种。

第一种，既消耗时间又消耗资源的工作，如砌砖、浇筑混凝土等。

第二种，只消耗时间而不消耗资源的工作，如水泥砂浆找平层干燥、混凝土养护等技术间歇。

第三种，既不消耗时间又不消耗资源的工作。

其中，第一种、第二种工作是实际存在的，通常称为实工作 [如图 4.13 (b) 中工作 A、B、C 等]，第三种是虚设的，只表示相邻前后工作之间的逻辑关系，通常称为虚工作 [如图 4.13 (b) 中②—④工作]。

② 节点。在双代号网络图中，用圆圈表示的各箭线之间的连接点，称为节点。节点表示前面工作结束和后面工作开始的瞬间。节点不需要消耗时间和资源。

a. 节点的分类。一项工作，箭线的箭尾节点表示该工作的开始节点；箭线的箭头节点表示该工作的结束节点。根据节点在网络图中的位置不同可以分为起点节点、终点节点和中间节点。一项网络计划的第一个节点，称为该项网络计划的起点节点，它是整个项目计划的开始节点，如图 4.13（b）所示①节点；一项网络计划的最后一个节点，称为终点节点，表示一项计划的结束，如图 4.13（b）所示⑥节点。中间节点是除起点节点和终点节点以外的节点，例如图 4.13（b）中节点②～⑤均为中间节点。

b. 节点编号。为了便于网络图的检查和计算，需对网络图各节点进行编号。

节点编号的基本规则：箭头节点编号大于箭尾节点编号，因此节点编号顺序是由起点节点顺箭线方向至终点节点；在一个网络图中，所有节点的编号不能重复或漏编，号码可以按自然数顺序连续进行，也可以不连续。

节点编号的方法：编号宜在绘图完成、检查无误后，顺着箭头方向依次进行。当网络图中的箭线均为由左向右和由上至下时，可采取每行由左向右、由上至下逐行编号的水平编号法；也可以采取每列由上至下、由左向右逐列编号的垂直编号法。

③ 线路。双代号网络图中，由起点节点沿箭线方向经过一系列箭线与节点，最后到达终点节点的通路称为线路。线路可依次用该通路上的节点代号来记述，也可依次用该通路上的工作名称来记述，如图 4.14 所示。

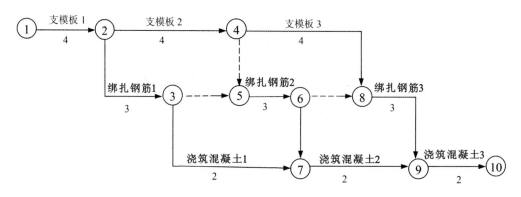

图 4.14 双代号网络图

图 4.14 网络图中的线路有以下 6 条线路。

第 1 条线路：①→②→④→⑧→⑨→⑩（17 天）。

第 2 条线路：①→②→④→⑤→⑥→⑧→⑨→⑩（16 天）。

第 3 条线路：①→②→④→⑤→⑥→⑦→⑨→⑩（15 天）。

第 4 条线路：①→②→③→⑤→⑥→⑧→⑨→⑩（15 天）。

第 5 条线路：①→②→③→⑤→⑥→⑦→⑨→⑩（14 天）。

第 6 条线路：①→②→③→⑦→⑨→⑩（13 天）。

在一个网络图中，从起点节点到终点节点，一般都存在许多条线路，每条线路都包含若干项工作。这些工作的持续时间之和就是该线路的时间长度，即线路上总的工作持续时间。

由上述分析可知，第 1 条线路的持续时间最长，即关键线路，它决定着该项工程的计算工期，如果该线路的完成时间提前或拖延，则整个工程的完成时间将发生变化；第 2 条线路称为次关键线路；其余线路均为非关键线路。

在双代号网络图中，位于关键线路上的工作称为关键工作，其余工作称为非关键工作。一般来说，一个网络图中至少有一条关键线路。关键线路也不是一成不变的，在一定的条件下，关键线路和非关键线路会相互转化。

非关键线路都有若干机动时间（即时差），利用非关键工作的时差可以科学地、合理地调配资源和进行网络计划优化。

关键线路宜用粗箭线、双箭线或彩色箭线标注，以突出其在网络计划中的重要位置。

（2）双代号网络图的相关概念。

双代号网络图中工作间有紧前工作、紧后工作和平行工作 3 种关系。

① 紧前工作：紧排在该工作之前的工作称为该工作的紧前工作。双代号网络图中，某工作和紧前工作之间可能有虚工作。如图 4.14 所示，支模板 1 是支模板 2 的组织关系上的紧前工作；绑扎钢筋 1 和绑扎钢筋 2 之间虽有虚工作，但绑扎钢筋 1 仍然是绑扎钢筋 2 的组织关系上的紧前工作；支模板 1 则是绑扎钢筋 1 的工艺关系上的紧前工作。

② 紧后工作：紧排在该工作之后的工作称为该工作的紧后工作。双代号网络图中，某工作和紧后工作之间可能有虚工作。如图 4.14 所示，绑扎钢筋 2 是绑扎钢筋 1 组织关系上的紧后工作；绑扎钢筋 1 是支模板 1 工艺关系上的紧后工作。

③ 平行工作：可与该工作同时进行的工作称为该工作的平行工作。如图 4.14 所示，支模板 2 是绑扎钢筋 1 的平行工作。

④ 先行工作：在一个网络图计划中，相对于某项工作而言，从网络计划的起始节点（即第一个节点）开始，顺箭头方向经过一系列箭线与节点，到达该工作为止的各条通路上的所有工作，均称为该工作的先行工作。如图 4.14 所示，支模板 1、支模板 2、绑扎钢筋 1 均为绑扎钢筋 2 的先行工作。

⑤ 后续工作：在一个网络图计划中，相对于某项工作而言，从该工作之后开始，顺箭头方向经过一系列箭线与节点，到达网络计划终点节点（即最后一个节点）的所有工作，均称为该工作的后续工作。如图 4.14 所示，绑扎钢筋 3、浇筑混凝土 2、浇筑混凝土 3 均为绑扎钢筋 2 的后续工作。

（3）双代号网络图的绘制。

网络图的绘制是网络计划方法应用的关键。要正确绘制网络图，必须正确反映逻辑关系，遵守绘图的基本规则。

① 网络图的逻辑关系。网络图的逻辑关系是指由网络计划中所表示的各个施工过程之间的先后顺序关系，是工作之间相互制约和依赖的关系，这种关系包括工艺关系和组织关系两大类。

a. 工艺关系。工艺关系是由施工工艺所决定的各个施工过程之间客观上存在的先后顺序关系。

对于一个具体的分部工程而言，当确定了施工方法以后，则该分部工程的各个施工过程的先后顺序一般是固定的，有的是绝对不能颠倒的。如图 4.14 所示，支模板 1、绑扎钢筋 1、浇筑混凝土 1 为工艺关系。

b. 组织关系。组织关系是指在不违反工艺关系的前提下，人为安排工作的先后顺序关系。如图 4.14 所示，支模板 1、支模板 2、绑扎钢筋 1、绑扎钢筋 2 等为组织关系。

图 4.15　虚箭线的表示法

② 虚箭线及其作用。虚箭线又称"虚工作"，在双代号网络计划中，只表示前后相邻工作之间的逻辑关系，既不占用时间，也不消耗资源的虚拟工作，用带箭头的虚线表示，如图 4.15 所示。

虚箭线的作用主要是帮助正确表达各工作之间的关系，避免出现逻辑错误，即虚箭线的作用主要是连接、区分和断路。

a. 连接作用。如图 4.16 所示，A、B、C、D 4 项工作，工作 A 完成后，工作 C 才能开始；工作 A、B 完成后，工作 D 才能开始。

工作 A 和工作 B 比较，工作 B 后面只有工作 D 这一项紧后工作，则将工作 D 直接画在工作 B 的箭头节点上；工作 C 仅作为工作 A 的紧后工作，则将工作 C 直接画在工作 A 的箭头节点上；工作 A 的紧后工作除了工作 C 外还有工作 D，此时必须引进虚箭线，使工作 A、D 两个施工过程连接起来，如图 4.16 所示，这里虚箭线就起到了连接的作用。

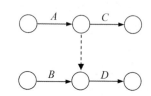

图 4.16　虚箭线的连接作用示意图

b. 区分作用。例如：A、B、C 三项工作；工作 A、工作 B 完成后，工作 C 才能开始。

图 4.17 （a） 中逻辑关系是正确的，但出现了无法区分 1→2 究竟代表工作 A，还是代表工作 B 的问题，因此需要在工作 B、工作 C 之间引进虚箭线加以区分 （图 4.17 （b） ），这里虚箭线就起到了区分作用。

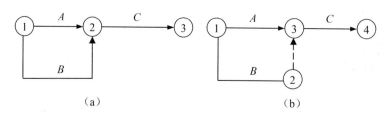

图 4.17　区分作用示意图

（a） 错误；（b） 正确

c. 断路作用。例如：某工程由 A、B、C 三个施工过程组成，它在平面上划分三个施工段，组织流水施工，试据此绘制双代号网络图。

画成如图 4.18 所示的网络图，则是错误的。因为该网络图中 A_2 与 C_1，B_2 与 D_1，A_3 与 C_2、D_1，B_3 与 D_2 等处，把无联系的工作联系上了，即出现了多余联系的错误。

为了消除这种错误的联系，应在出现逻辑错误的节点之间增设新节点 （即虚箭线），即将 B_1 的结束节点与 B_2 的开始节点、B_2 的结束节点与 B_3 的开始节点、C_1 的结束节点与 C_2 的开始节点、C_2 的结束节点与 C_3 的开始节点分开，切断毫无关系的工作之间的联系，其正确的网络图如图 4.19 所示。这里增加了 3—5、7—9、6—8、10—12 共四条虚箭线，起到了逻辑断路的作用。

③ 双代号网络图的绘制原则。

a. 必须正确地表达各项工作之间的先后关系和逻辑关系。在网络图中，根据施工

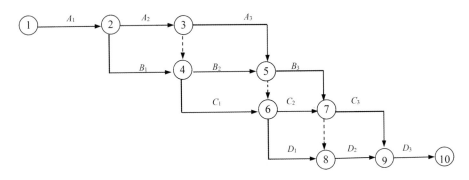

图 4.18 逻辑关系错误的网络图

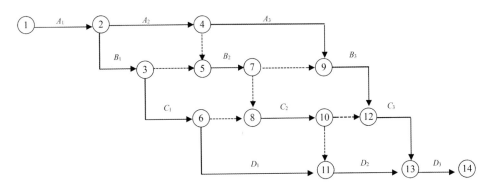

图 4.19 逻辑关系正确的网络图

顺序和施工组织的要求，正确地反映各项工作之间的相互制约和相互依赖关系，这些关系是多种多样的。表 4.3 列出了常见的几种表示方法。

表 4.3 双代号网络图中各工作逻辑关系的表示方法

序号	工作间的逻辑关系	双代号网络图上的表示方法	说明
1	A、B 两项工作，依次施工		工作 B 依赖工作 A，工作 A 约束工作 B
2	A、B、C 三项工作，同时开始施工		A、B、C 三项工作为平行工作
3	A、B、C 三项工作，同时结束施工		A、B、C 三项工作为平行工作

序号	工作间的逻辑关系	双代号网络图上的表示方法	说明
4	A、B、C 三项工作，只有 A 完成后，B、C 才能开始		工作 A 制约工作 B、C 的开始；工作 B、C 为平行工作
5	A、B、C 三项工作；C 只有在 A、B 完成之后才能开始		工作 C 依赖于工作 A、B；工作 A、B 为平行工作
6	A、B、C、D 四项工作，当 A、B 完成之后，C、D 才能开始		通过中间节点 j 正确地表达了工作 A、B、C、D 之间的关系
7	A、B、C、D 四项工作，当 A 完成后，C 才能开始，A、B 完成之后，D 才能开始		工作 D 与工作 A 之间引入了虚工作，只有这样才能正确表达它们之间的约束关系
8	A、B、C、D、E 五项工作，当 A、B 完成后，D 才能开始；B、C 完成之后 E 才能开始		工作 B、D 之间和工作 B、E 之间引入了虚工作，只有这样才能正确表达它们之间的约束关系
9	A、B、C、D、E 五项工作，当 A、B、C 完成后，D 才能开始；B、C 完成之后 E 才能开始		虚工作正确处理了平行工作 A、B、C 全部作为工作 D 的紧前工作，又部分作为工作 E 的紧前工作

序号	工作间的逻辑关系	双代号网络图上的表示方法	说明
10	A、B 两项工作，分 3 个施工段进行流水施工	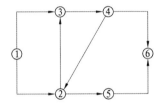	按工种建立两个专业班组，分别在 3 个施工段上进行流水作业，虚工作表达了工种之间的关系

b. 在网络图中，不允许出现循环回路，即从一个节点出发，沿箭线方向再返回原来的节点。

双代号网络图中的箭线（包括虚箭线）宜保持自左向右的方向，不宜出现箭头指向左方的水平箭线和箭头偏向左方的斜向箭线，遵循这一原则绘制网络图，就不会产生循环回路。在图 4.20 中，2→3→4→2 就组成了循环回路，导致出现了违背逻辑关系的错误。

c. 在网络图中，不允许出现带有双向箭头或无箭头的连线。如图 4.21 中图 3—4 连线无箭头，1—4 连线有双向箭头，均是错误的。

图 4.20 出现循环回路的错误网络图   图 4.21 不允许出现双向箭头或无箭头

d. 网络图中严禁出现没有箭头节点的箭线和没有箭尾节点的箭线，如图 4.22 所示。

（a）   （b）

图 4.22 错误的画法
（a）存在没有箭头节点的箭线；（b）存在没有箭尾节点的箭线

e. 在一个网络图中，不允许出现相同编号的节点或箭线。在图 4.23（a）中，A、B、C 三个施工过程均用 1→2 表示是错误的。在此，根据虚箭线的区分作用，加入节点后，使工作 A、B、C 区分开来，正确的表达应如图 4.23（b）或图 4.23（c）所示。

f. 在网络图中，不允许出现一个代号表示多项工作。如图 4.24（a）中，施工过程 B 与 A 的表达错误，正确的表达应如图 4.24（b）所示。

g. 在网络图中，尽量减少交叉箭线，当无法避免时，应采用过桥法、断线法或指向法表示。如图 4.25（a）为过桥法，图 4.25（b）为断线法，图 4.25（c）为指向法。

h. 当网络图的某些节点有多条外向箭线或内向箭线时，可用母线法绘制，如图 4.26 所示。

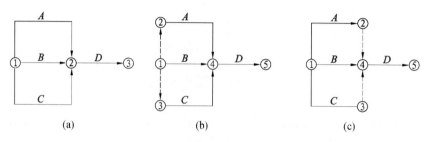

图 4.23 不允许出现相同编号的节点或箭线

（a）错误；（b）正确；（c）正确

图 4.24 不允许出现一个代号表示一项工作

（a）错误；（b）正确

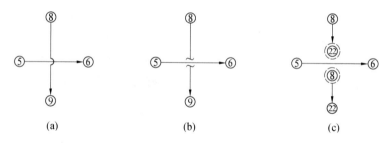

图 4.25 箭线交叉的表示方法

（a）过桥法；（b）断线法；（c）指向法

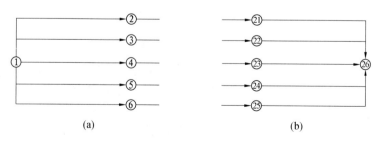

图 4.26 母线法

（a）多条外向箭线；（b）多条内向箭线

i. 在一个网络图中，只允许有一个起点节点和一个终点节点。如图 4.27 所示，出现了①、② 两个起点节点是错误的，出现⑥、⑦ 两个终点节点也是错误的。

④ 双代号网络图的绘制方法。在绘制双代号网络图时，先根据网络图的逻辑关系，绘制草图，再按照绘图规则进行调整布局，最后形成正式网络图，具体绘制方法和步骤如下。

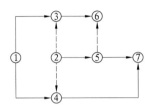

图 4.27　有多个起点节点（或终点节点）的网络图

a. 绘制没有紧前工作的箭线，如果有多项，则使它们具有相同的箭尾节点，即起始节点。

b. 依次绘制其他工作箭线。

c. 合并没有紧后工作的工作箭线的箭头节点，即终点节点。

d. 检查工作和逻辑关系有无错漏并进行修正。

e. 按网络图绘图规则的要求完善网络图，使网络图条理清楚、层次分明。

f. 按网络图的编号要求进行节点编号。

[**例 4.7**]　根据表 4.4 中各施工过程的逻辑关系，绘制双代号网络图。

表 4.4　某工程各施工过程的逻辑关系

施工过程名称	A	B	C	D	E	F	G	H
紧前工作	—	A	B	B	B	C、D	C、E	F、G
紧后过程	B	C、D、E	F、G	F	G	H	H	—

解：

① 从 A 出发绘出其紧后过程 B；

② 从 B 出发绘出其紧后过程 C、D、E；

③ 从 C 出发绘出其紧后过程 F、G；

④ 从 D 出发绘出其紧后过程 F；

⑤ 从 E 出发绘出其紧后过程 G；

⑥ 从 F 出发绘出其紧后过程 H；

⑦ 从 G 出发绘出其紧后过程 H；

⑧ 根据以上步骤绘出草图后，再检查每个施工过程之间的逻辑关系是否正确，最后经过加工整理，绘成完整的网络图，并进行节点编号，如图 4.28 所示。

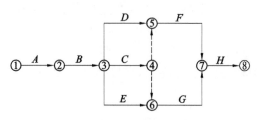

图 4.28　双代号网络图的绘制

⑤ 网络图的排列。为了使网络计划更确切地反映建筑工程施工特点，绘图时可根据不同的工程情况、施工组织而灵活排列，使各项工作之间的逻辑关系更清晰。主要排列方式有以下 3 种。

a. 按施工过程排列。这种方法是根据施工顺序把各施工过程按垂直方向排列，施工段按水平方向排列。如图 4.29 所示，其特点是同一工种在同一条水平线上，突出不同工种的工作情况。

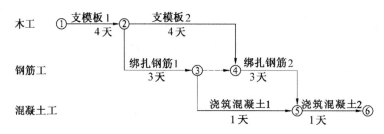

图 4.29　按施工过程排列

b. 按施工段排列。这种方法是把同一施工段上的有关施工过程按水平方向排列，施工段按垂直方向排列，如图 4.30 所示。其特点是同一施工段的工作在同一水平线上，反映出分段施工的特征，突出工作面的利用情况。

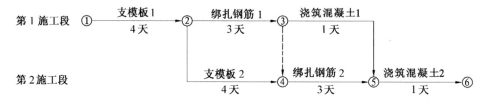

图 4.30　按施工段排列

c. 混合排列。这种排列方式适用于简单的网络图，可根据施工顺序和逻辑关系将各施工过程对称排列，如图 4.31 所示。其特点是构图灵活、美观、形象、大方。

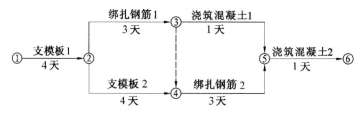

图 4.31　混合排列

⑥ 网络图的工作合并。在实际工作中，有时为了简化网络图，可以将某些相对独立的局部网络合并为少量的箭线。网络图工作合并的基本方法：保留局部网络中与外部工作相联系的节点，合并后箭线所表达的工作持续时间为合并前该部分网络图中相应最长线路段的工作时间之和，如图 4.32、图 4.33 所示。

网络图的合并主要适用于群体工程施工控制网络计划和施工单位的季度、年度控制网络计划的编制。

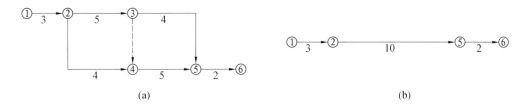

图 4.32　网络图的合并（一）

（a）合并前；（b）合并后

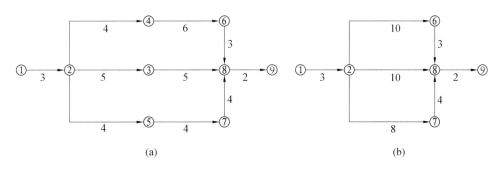

图 4.33　网络图的合并（二）

（a）合并前；（b）合并后

⑦ 网络图的连接。绘制较复杂的网络图时，一般先按不同的分部工程编制局部网络图，然后按逻辑关系进行连接，形成一个总体网络图，如图 4.34 所示。

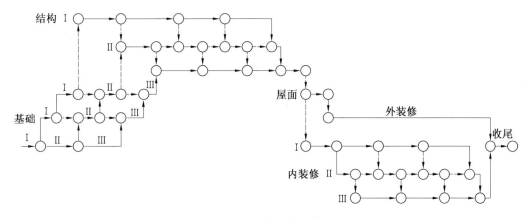

图 4.34　网络图的连接

为了把分别绘制的局部网络图连接起来，绘制局部网络图时要考虑彼此之间的联系，同时应注意：必须有统一的构图和排列形式；整个网络图的节点编号要统一；施工过程划分的粗细程度应一致；各分部工程之间应预留连接节点。

⑧ 网络图的详略组合。在一个施工计划的网络图中，为了简化网络图的绘制，并为了突出计划的重点，一般采取"局部详细、整体简略"的方法来绘制，这种方法称为详略组合。例如，某多层或高层办公楼各层采用统一的标准设计，各层的施工过程的工程量大致相同。在编制其网络施工计划时，只要详细绘制一个标准层的网络图，其他相同层就可以简略绘制，如图 4.35 所示。

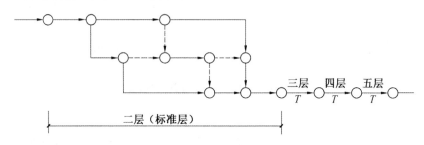

图 4.35　网络图的详略组合

（4）双代号网络计划的时间参数计算。

双代号网络计划时间参数的计算，是确定关键线路和工期的基础。它包括工作的最早开始时间和最迟开始时间的计算，最早完成时间和最迟完成时间的计算，工期、总时差和自由时差的计算。计算时间参数的目的主要有 3 个：第一，确定关键线路和关键工作，便于施工中抓住重点，把握关键线路的时间；第二，明确非关键线路工作及其在施工中时间的机动性，便于挖掘潜力，统筹全局，部署资源；第三，确定总工期。

网络计划时间参数计算方法通常有图上计算法、表上计算法、矩阵法和电算法等，本节主要介绍图上计算法。

① 双代号网络计划的时间参数及符号。设有线路 $h \rightarrow i \rightarrow j \rightarrow k$，则：

a. 工作的持续时间 D_{i-j}。工作的持续时间是指一项工作从开始到完成的时间。在双代号网络计划中，工作 $i-j$ 的持续时间用 D_{i-j} 表示。

b. 工期。工期是指完成一项任务所需要的时间。在网络计划中，工期一般有以下 3 种。

计算工期：根据网络计划时间参数计算所得到的工期，用 T_c 表示。

要求工期：任务委托人提出的合同工期或指令性工期，用 T_r 表示。

计划工期：根据要求工期和计算工期确定的作为实施目标的工期，用 T_p 表示。

当规定了要求工期时，计划工期不应超过要求工期，即

$$T_p \leqslant T_r \tag{4.24}$$

当未规定要求工期时，可令计划工期等于计算工期，即

$$T_p = T_c \tag{4.25}$$

c. 工作的最早开始时间 ES_{i-j}。最早开始时间是指各紧前工作全部完成后，本工作有可能开始的最早时刻。工作 $i-j$ 的最早开始时间用 ES_{i-j} 表示。

d. 工作的最早完成时间 EF_{i-j}。最早完成时间是指各紧前工作全部完成后，本工作有可能完成的最早时刻。工作 $i-j$ 的最早完成时间用 EF_{i-j} 表示。

e. 工作的最迟完成时间 LF_{i-j}。最迟完成时间是指在不影响整个任务按期完成的前提下，工作必须完成的最迟时刻。工作 $i-j$ 的最迟完成时间用 LF_{i-j} 表示。

f. 工作的最迟开始时间 LS_{i-j}。最迟开始时间是指在不影响整个任务按期完成的前提下，工作必须开始的最迟时刻。工作 $i-j$ 的最迟完成时间用 LS_{i-j} 表示。

g. 节点的最早时间 ET_i。节点的最早时间是指以该节点为开始节点的各项工作的最早开始时间。节点 i 的最早时间用 ET_i 表示。

h. 节点的最迟时间 LT_i。节点的最迟时间是指以该节点为完成节点的各项工作的最迟完成时间。节点 i 的最迟时间用 LT_i 表示。

i. 工作的总时差 TF_{i-j}。总时差是指在不影响总工期的前提下，本工作可以利用的机动时间。工作 $i-j$ 的总时差用 TF_{i-j} 表示。

j. 工作的自由时差 FF_{i-j}。自由时差是指在不影响其紧后工作最早开始时间的前提下，本工作可以利用的机动时间。工作 $i-j$ 的自由时差用 FF_{i-j} 表示。

② 网络计划的时间参数计算。双代号网络计划时间参数的图上计算简单直观、应用广泛，计算方法通常有工作计算法和节点计算法。

a. 工作计算法。按工作计算法计算时间参数应在确定了各项工作的持续时间之后进行。虚工作也必须视同工作进行计算，其持续时间为零。时间参数的计算结果应标注在箭线之上，如图 4.36 所示。

$$\begin{array}{c|c|c} ES_{i-j} & LS_{i-j} & TF_{i-j} \\ \hline EF_{i-j} & LF_{i-j} & FF_{i-j} \end{array}$$

$$i \xrightarrow[\text{持续时间}]{\text{工作名称}} j$$

图 4.36　按工作计算法的标注内容

下面以图 4.37 所示双代号网络计划为例，说明按计算工作时间参数的过程。

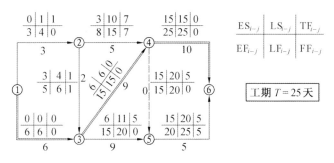

图 4.37　双代号网络计划的图算法

A. 计算各工作最早开始时间 ES_{i-j} 和最早完成时间 EF_{i-j}。

工作的最早开始时间和最早完成时间的计算应从网络计划的起点节点开始，顺着箭线方向依次进行。其计算步骤如下。

第一步：以网络计划起点节点为开始工作，当未规定其最早开始时间时，其最早开始时间为零，即

$$ES_{i-j} = 0 \qquad (4.26)$$

例如在本例中，工作 1—2 和工作 1—3 的最早开始时间都为零，即

$$ES_{1-2} = ES_{1-3} = 0$$

第二步：工作最早完成时间可利用式（4.27）进行计算

$$EF_{i-j} = ES_{i-j} + D_{i-j} \qquad (4.27)$$

例如在本例中，工作 1—2 和工作 1—3 的最早完成时间分别为

$$EF_{1-2} = ES_{1-2} + D_{1-2} = 0 + 3 = 3（天）$$
$$EF_{1-3} = ES_{1-3} + D_{1-3} = 0 + 6 = 6（天）$$

第三步：其他工作最早开始时间应等于其紧前工作最早完成时间的最大值，即

$$ES_{i-j} = \max\{EF_{h-i}\} = \max\{ES_{h-i} + D_{h-i}\} \qquad (4.28)$$

式中：EF_{h-i}——工作 $i-j$ 的紧前工作 $h-i$ 的最早完成时间；

ES_{h-i}——工作 $i-j$ 的紧前工作 $h-i$ 的最早开始时间。

例如在本例中，工作 2—3、2—4、3—4 和 4—6 的最早开始时间分别为

$$ES_{2-3} = EF_{1-2} = 3（天）$$
$$ES_{2-4} = EF_{1-2} = 3（天）$$
$$ES_{3-4} = \max\ \{EF_{1-3}，EF_{2-3}\} = \max\ \{6，5\} = 6（天）$$
$$ES_{4-6} = \max\ \{EF_{2-4}，EF_{3-4}\} = \max\ \{8，15\} = 15（天）$$

B. 确定网络计划的计划工期 T_p。

网络计划的计算工期应等于以网络计划终点节点为完成节点的工作最早完成时间的最大值，即

$$T_c = \max\{EF_{i-n}\} \qquad (4.29)$$

式中：EF_{i-n}——以终点节点（$j-n$）为箭头节点的工作 $i-n$ 的最早完成时间。

本例中，则计算工期 T_c 为

$$T_c = \max\{EF_{4-6}，EF_{5-6}\} = \max\{25，20\} = 25（天）$$

本例中未规定要求工期，则其计划工期就等于计算工期，即

$$T_p = T_c = 25（天）$$

C. 计算各工作最迟完成时间 LF_{i-j} 和最迟开始时间 LS_{i-j}。

工作最迟完成时间和工作的最迟开始时间的计算应从网络计划的终点节点开始，逆着箭线方向依次进行。其计算步骤如下。

第一步：以网络计划终点节点为完成节点的工作，其最迟完成时间等于网络计划的计划工期，即

$$LF_{i-n} = T_p \qquad (4.30)$$

式中：LF_{i-n}——以网络计划终点节点 n 为完成节点的工作的最迟完成时间。

例如在本例中，工作 4—6 和 5—6 的最迟完成时间为

$$LF_{4-6} = LF_{5-6} = T_p = 25（天）$$

第二步：工作的最迟开始时间可利用式（4.31）进行计算

$$LS_{i-j} = LF_{i-j} - D_{i-j} \qquad (4.31)$$

例如在本例中，工作 4—6 和 5—6 的最迟开始时间分别为

$$\mathrm{LS}_{4-6} = \mathrm{LF}_{4-6} - D_{4-6} = 25 - 10 = 15 \text{（天）}$$

$$\mathrm{LS}_{5-6} = \mathrm{LF}_{5-6} - D_{5-6} = 25 - 5 = 20 \text{（天）}$$

第三步：其他工作的最迟完成时间应等于其紧后工作最迟开始时间的最小值，即

$$\mathrm{LF}_{i-j} = \min\{\mathrm{LS}_{j-k}\} = \min\{\mathrm{LF}_{j-k} - D_{j-k}\} \tag{4.32}$$

式中：LS_{j-k}——工作 $i-j$ 的紧后工作 $j-k$ 的最迟开始时间；

　　　LF_{j-k}——工作 $i-j$ 的紧后工作 $j-k$ 的最迟完成时间；

　　　D_{j-k}——工作 $i-j$ 的紧后工作 $j-k$ 的持续时间。

例如在本例中，工作 2—4 和工作 3—5 的最迟完成时间分别为

$$\mathrm{LF}_{2-4} = \min\{\mathrm{LS}_{4-5}, \mathrm{LS}_{4-6}\} = \min\{20, 15\} = 15\text{（天）}$$

$$\mathrm{LF}_{3-5} = \mathrm{LS}_{5-6} = 20\text{（天）}$$

（d）计算各工作总时差 TF_{i-j}。

如图 4.38 所示，在不影响总工期的前提下，一项工作可以利用的时间范围是从该工作最早开始时间到最迟完成时间，即工作从最早开始时间或最迟开始时间开始，均不会影响工期。而工作实际需要的持续时间是 D_{i-j}，扣去 D_{i-j} 后，余下的一段时间就是工作可以利用的机动时间，即总时差。所以总时差等于最迟开始时间减去最早开始时间，或最迟完成时间减去最早完成时间，即

$$\mathrm{TF}_{i-j} = \mathrm{LS}_{i-j} - \mathrm{ES}_{i-j} = \mathrm{LF}_{i-j} - \mathrm{EF}_{i-j} \tag{4.33}$$

例如在本例中，工作 3—5 的总时差为

$$\mathrm{TF}_{3-5} = \mathrm{LS}_{3-5} - \mathrm{ES}_{3-5} = 11 - 6 = 5 \text{（天）}$$

或

$$\mathrm{TF}_{3-5} = \mathrm{LF}_{3-5} - \mathrm{EF}_{3-5} = 20 - 15 = 5 \text{（天）}$$

（e）计算各工作自由时差 FF_{i-j}。

如图 4.39 所示，在不影响其紧后工作最早开始时间的前提下，一项工作可以利用的时间范围是从该工作最早开始时间至其紧后工作最早开始时间。而工作实际需要的持续时间是 D_{i-j}，那么扣去 D_{i-j} 后，尚有的一段时间就是自由时差。

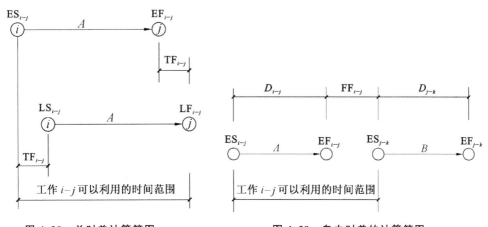

图 4.38　总时差计算简图　　　　图 4.39　自由时差的计算简图

对于有紧后工作的，其自由时差等于本工作紧后工作最早开始时间减去本工作最早完成时间所得之差的最小值，即

$$FF_{i-j} = \min\{ES_{j-k} - EF_{i-j}\} = \min\{ES_{j-k} - ES_{i-j} - D_{i-j}\} \tag{4.34}$$

式中：ES_{j-k}——工作 $i-j$ 的紧后工作 $j-k$（非虚工作）的最早开始时间。

如在本例中，工作 1—3 的自由时差为

$$FF_{1-3} = \min\{ES_{3-4} - EF_{1-3},\ ES_{3-5} - EF_{1-3}\} = \min\{6-6,\ 6-6\} = 0$$

(f) 确定关键工作和关键线路。

在网络计划中，总时差最小的工作为关键工作。特别注意，当网络计划的计划工期等于计算工期时，总时差为零的工作就是关键工作。例如在本例中，工作 1—3、3—4、4—6 的总时差均为零，即这些工作在执行中不具备机动时间，这样的工作即关键工作。

从起点节点到终点节点全部由关键工作组成的线路为关键线路。例如在本例中，①→③→④→⑥ 即关键线路。将该线路在图 4.37 中用双线标注出来。在一个网络图中，关键线路不止一条，有时有多条。

③ 节点计算法。节点计算法，就是先计算网络计划中各个节点的最早时间和最迟时间，然后再计算各项工作的时间参数和网络计划的计算工期。时间参数的计算结果应标注在节点之上，如图 4.40 所示。

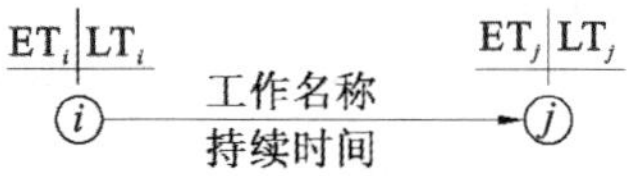

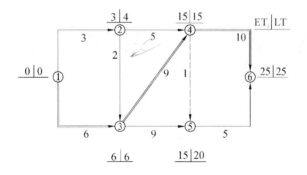

图 4.40　按节点计算法的标注内容

下面仍以图 4.37 所示双代号网络计划为例，说明按节点计算法计算时间参数的过程。其计算结果如图 4.41 所示。

图 4.41　双代号网络计划

a. 计算节点的最早时间。

节点最早时间是指双代号网络计划中，以该节点为开始节点的各项工作的最早开始时间。

节点最早时间的计算应从网络计划的起点节点开始，顺着箭线方向依次进行。其计算步骤如下。

第一步：网络计划起点节点，如未规定最早时间，其值应为零。例如在本例中，起点节点最早时间为零，即

$$\mathrm{ET}_1 = 0$$

第二步：其他节点的最早时间应按式（4.35）进行计算

$$\mathrm{ET}_j = \max\{\mathrm{ET}_i + D_{i-j}\} \tag{4.35}$$

例如在本例中，节点 2 和节点 4 的最早时间分别为

$$\mathrm{ET}_2 = \mathrm{ET}_1 + D_{1-2} = 0 + 3 = 3（天）$$

$$\mathrm{ET}_4 = \max\{\mathrm{ET}_2 + D_{2-4}，\mathrm{ET}_3 + D_{3-4}\} = \max\{3+5，6+9\} = 15（天）$$

第三步：网络计划的计算工期等于网络计划终点节点的最早时间，即

$$T_c = \mathrm{ET}_n \tag{4.36}$$

式中：ET_n——网络计划终点节点 n 的最早时间。

在本例中，其计算工期为

$$T_c = \mathrm{ET}_6 = 25（天）$$

b. 确定网络计划的计划工期。

网络计划工期 T_p 的确定与工期计算法相同。

c. 计算节点最迟时间。

节点最迟时间是指双代号网络计划中，以该节点为完成节点的各项工作的最迟完成时间。

节点最迟时间的计算应从网络计划的终点节点开始，逆着箭线方向依次进行，其计算步骤如下。

第一步：网络计划终点节点的最迟时间等于网络计划的计划工期，即

$$\mathrm{LT}_n = T_p \tag{4.37}$$

式中：LT_n——网络计划终点节点 n 的最迟时间。

在本例中，终节点 6 的最迟时间为

$$\mathrm{LT}_6 = T_p = 25（天）$$

第二步：其他节点的最迟时间应按式（4.38）进行计算

$$\mathrm{LT}_i = \min\{\mathrm{LT}_j - D_{i-j}\} \tag{4.38}$$

在本例中，节点 5 和节点 2 的最迟时间分别为

$$\mathrm{LT}_5 = \mathrm{LT}_6 - D_{5-6} = 25 - 5 = 20（天）$$

$$\mathrm{LT}_2 = \min\{\mathrm{LT}_4 - D_{2-4}，\mathrm{LT}_3 - D_{2-3}\} = \min\{15-5，6-2\} = 4（天）$$

d. 计算工作时间参数。

工作的最早开始时间等于该工作开始节点的最早时间，即

$$\mathrm{ES}_{i-j} = \mathrm{ET}_i \tag{4.39}$$

在本例中，工作 1—2 和 2—5 的最早开始时间分别为

$$\mathrm{ES}_{1-2} = \mathrm{ET}_1 = 0$$

$$\mathrm{ES}_{2-5} = \mathrm{ET}_2 = 3（天）$$

工作的最早完成时间等于该工作开始节点的最早时间与其持续时间之和，即

$$\mathrm{EF}_{i-j} = \mathrm{ET}_i + D_{i-j} \tag{4.40}$$

在本例中，工作 1—2 和 2—4 的最早完成时间分别为

$$\mathrm{EF}_{1-2} = \mathrm{ET}_1 + D_{1-2} = 0 + 3 = 3（天）$$

$$\mathrm{EF}_{2-4} = \mathrm{ET}_2 + D_{2-4} = 3 + 5 = 8（天）$$

工作的最迟完成时间等于该工作完成节点的最迟时间，即

$$\text{LF}_{i-j} = \text{LT}_j \tag{4.41}$$

在本例中，工作 $1-2$ 和 $2-4$ 的最迟完成时间分别为

$$\text{LF}_{1-2} = \text{LT}_2 = 4(\text{天})$$

$$\text{LF}_{2-4} = \text{LT}_4 = 15(\text{天})$$

工作的最迟开始时间等于该工作完成节点的最迟时间与其持续时间之差，即

$$\text{LS}_{i-j} = \text{LT}_j - D_{i-j} \tag{4.42}$$

在本例中，工作 $1-2$ 和 $2-4$ 的最迟开始时间分别为

$$\text{LS}_{1-2} = \text{LT}_2 - D_{1-2} = 4 - 3 = 1(\text{天})$$

$$\text{LS}_{2-4} = \text{LT}_4 - D_{2-4} = 15 - 5 = 10(\text{天})$$

工作的总时差可根据式（4.43）进行计算

$$\text{TF}_{i-j} = \text{LT}_j - \text{ET}_i - D_{i-j} \tag{4.43}$$

在本例中，工作 $1-2$ 和 $2-4$ 的总时差分别为

$$\text{TF}_{1-2} = \text{LT}_2 - \text{ET}_1 - D_{1-2} = 4 - 0 - 3 = 1(\text{天})$$

$$\text{TF}_{2-4} = \text{LT}_2 - \text{ET}_2 - D_{2-4} = 15 - 3 - 5 = 7(\text{天})$$

工作的自由时差可根据式（4.44）进行计算

$$\text{FF}_{i-j} = \text{ET}_j - \text{ET}_i - D_{i-j} \tag{4.44}$$

在本例中，工作 $1-2$ 和 $2-4$ 的总时差分别为

$$\text{FF}_{1-2} = \text{ET}_2 - \text{ET}_1 - D_{1-2} = 3 - 0 - 3 = 0(\text{天})$$

$$\text{FF}_{2-4} = \text{ET}_4 - \text{ET}_2 - D_{2-4} = 15 - 3 - 5 = 7(\text{天})$$

e. 确定关键工作和关键线路。

在双代号网络计划中，关键线路上的节点称为关键节点。关键工作两端的节点必为关键节点，但两端为关键节点的工作不一定是关键工作。关键节点的最迟时间与最早时间的差值最小。特别注意，当网络计划的计划工期等于计算工期时，关键节点的最早时间与最迟时间必然相等。

当利用关键节点判别关键线路和关键工作时，还要满足式（4.45）的要求

$$\begin{cases} \text{LT}_j - \text{ET}_i = T_p - T \\ \text{LT}_j - \text{ET}_j = T_p - T_c \\ \text{LT}_j - \text{ET}_j - D_{i-j} = T_p - T_c \end{cases} \tag{4.45}$$

如果两个关键点之间的工作满足式（4.45），则该工作必然为关键工作。否则该工作就不是关键工作。例如，在本例中，工作 $1-3$、$3-4$ 和 $4-6$ 均符合式（4.45），故为关键工作。

将上述各项关键工作依次连起来，就是整个网络图的关键线路，如图 4.41 中双箭线所示。

④ 总时差和自由时差的特性。

a. 通过计算不难看出总时差有如下特性。

A. 凡是总时差为最小的工作就是关键工作；由关键工作连接构成的线路为关键线路；关键线路上各工作时间之和即总工期。如图 4.37 所示，工作 $1-3$、$3-4$、$4-6$

为关键工作，线路 1→3→4→6 为关键线路。

B. 当网络计划的计划工期等于计算工期时，凡是总时差大于零的工作为非关键工作，凡是具有非关键工作的线路即非关键线路。非关键线路与关键线路相交的相关节点把非关键线路划分成若干个非关键线路段，各段有各段的总时差，相互之间没有关系。

C. 总时差的使用具有双重性，它既可以被该工作使用，但又属于某非关键线路所有。当某项工作使用了全部或部分总时差时，将引起通过该工作的线路上所有工作总时差重新分配。例如图 4.37 中，非关键线路 1→2→3→5→6 中，$TF_{3-5}=5$ 天，$TF_{5-6}=5$ 天，如果工作 3 — 5 使用了 5 天机动时间，则工作 5 — 6 就只有 1 天时差可以利用了。

b. 通过计算不难看出自由时差有如下特性。

A. 自由时差为某非关键工作独立使用的机动时间，利用自由时差，不会影响其紧后工作的最早开始时间。例如图 4.37 中，工作 2 — 3 有 1 天自由时差，如果使用了 1 天机动时间，也不影响紧后工作 3 — 5 的最早开始时间。

B. 非关键工作的自由时差必小于或等于其总时差。

3. 双代号时标网络计划

（1）双代号时标网络计划的概念。

时标网络计划是无时标网络计划与横道计划的有机结合，它采用在横道图的基础上引进网络计划中各施工过程之间的逻辑关系的表示方法。这样既解决了横道图中各施工过程之间的关系表达不明确的问题，又解决了网络计划时间表达不直观的问题。

时标网络计划是以时间坐标为尺度绘制的网络计划。时标的时间单位应根据需要在编制网络计划之前确定，一般可为天、周、月或季等。

（2）时标网络计划的特点。

① 时标网络计划中，箭线的水平投影长度表示工作持续时间。

② 时标网络计划可以直接显示各施工过程的时间参数和关键线路。

③ 可以直接在时标网络图的下方统计劳动力、材料、机具资源等的需用量，便于绘制资源消耗动态曲线，也便于计划的控制和分析。

④ 时标网络在绘制中受到坐标的限制，因此不易产生循环回路之类的逻辑错误。

⑤ 由于工作箭线的长度和位置受时间坐标的限制，调整和修改不太方便。

（3）双代号时标网络计划的绘制要求。

① 时间长度是以所有符号在时标表上的水平位置及其水平投影长度表示的，与其所代表的时间值相对应。

② 节点的中心必须对准时标的刻度线。

③ 以实箭线表示工作，以虚箭线表示虚工作，以水平波形线表示自由时差。

④ 虚工作必须用垂直虚箭线表示，有时差时加波形线表示。

（4）时标网络计划的绘制方法。

时标网络计划宜按最早时间编制。其绘制方法有间接绘制法和直接绘制法两种。

① 间接绘制法。间接绘制法是先计算网络计划的时间参数，再根据时间参数在时间坐标上进行绘制的方法。其绘制步骤和方法如下。

a. 先绘制无时标网络计划，计算时间参数，确定关键工作和关键线路。

建筑施工组织

b. 根据需要确定时间单位并绘制时标横轴。

c. 根据各节点的最早时间，从起点节点开始将各节点逐个定位在时间坐标的纵轴上。

d. 依次在各点后面绘出箭线长度及自由时差。绘制时宜先画关键工作、关键线路，再画非关键工作。如箭线长度不足以达到工作的结束节点，用波形线补足。箭头画在波形线与节点连接处。

e. 用虚箭线连接各相关节点，将相关工作连接起来。

f. 把时差为零的箭线从起点节点到终点节点连接起来，并用粗箭线、双箭线或彩色箭线表示，即形成时标网络计划的关键线路。

② 直接绘制法。直接绘制法是不计算网络计划时间参数，直接在时间坐标上进行绘制的方法。

其绘制步骤和方法可归纳为如下绘图口诀："时间长短坐标限，曲直斜平利相连；箭线到齐画节点，画完节点补波线；零线尽量拉垂直，否则安排有缺陷。"

a. 时间长短坐标限：箭线的长度代表具体的施工时间，受到时间坐标的制约。

b. 曲直斜平利相连：箭线的表达方式可以是直线、折线、斜线等，但布图应合理，直观清晰。

c. 箭线到齐画节点：工作的开始节点必须在该工作的全部紧前工作都画出后，定位在这些紧前工作最晚完成的时间刻度上。

d. 画完节点补波线：某些工作的箭线长度不足以达到其完成节点时，用波形线补足。

e. 零线尽量拉垂直：虚工作持续时间为零，应尽可能让其为垂直线。

f. 否则安排有缺陷：若出现虚工作占据时间的情况，其原因是工作面停歇或施工作业队组工作不连续。

[例4.8]　以图4.42所示的双代号网络计划为例，绘制双代号时标网络计划。

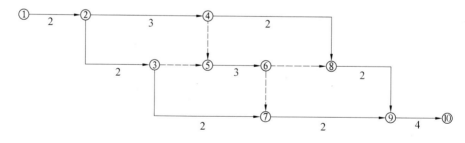

图4.42　双代号网络计划

解：按直接绘制的方法，绘制出双代号时标网络计划，如图4.43所示。

（5）关键线路及时间参数的确定。

① 关键线路的确定。双代号时标网络计划中，自终点节点向起点节点观察，凡自始至终不出现自由时差（波形线）的通路，就是关键线路。

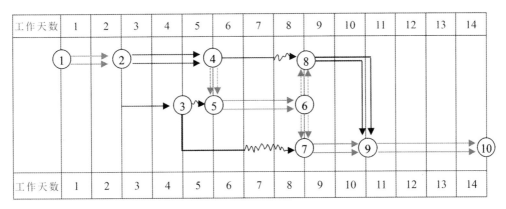

图 4.43   双代号时标网络计划

② 工期的确定。时标网络计划的计算工期，应是其终点节点与起点节点所在位置的时标值之差。

③ 工作最早时间参数的判断。按最早时间绘制的时标网络计划，每条箭线的箭尾和箭头（或实箭线的端部）所对应的时标为该工作的最早开始时间和最早完成时间。

④ 时差的判断与计算。

a. 时标网络计划中，工作的自由时差表示在该工作的箭线中，是波形线部分在坐标轴上的水平投影长度。这是因为双代号时标网络计划波形线的后面节点所对应的时标值，是波形线所在工作的紧后工作的最早开始时间，波形线的起点对应的时标值是本工作的最早完成时间。因此，按照自由时差的定义，紧后工作的最早开始时间与本工作的最早完成时间的差（即波形线在坐标轴上的水平投影长度）就是本工作的自由时差。

b. 总时差的计算。自右向左进行，其值等于其紧后工作的总时差的最小值与本工作的自由时差之和，即

$$TF_{i-j} = \min\{TF_{j-k}\} + FF_{i-j}$$ (4.46)

式中：TF_{j-k}——工作的紧后工作 $j-k$ 的总时差。

总时差是某线路上各项工作共有的时差，其值大于或等于其中任一工作的自由时差。因此，某工作的总时差既包括本工作独用的自由时差，也包含其紧后工作的总时差。如果本工作有多项紧后工作，只有取紧后工作总时差的最小值才不会影响总工期。

⑤ 双代号时标网络计划最迟时间的计算。最早时间与总时差已知，故最迟时间可用下式计算

$$LS_{i-j} = ES_{i-j} + TF_{i-j}$$ (4.47)

$$LF_{i-j} = EF_{i-j} + TF_{i-j}$$ (4.48)

4. 单代号网络计划简介

(1) 单代号网络图的表示方法。

单代号网络图是用一个节点表示一项工作（或一个施工过程），工作名称、持续时间和工作代号等标注在节点内，以实箭线表示工作之间逻辑关系的网络图，如图 4.44（a）所示。用这种表示方法，把一项计划的所有施工过程按逻辑关系从左至右绘制而成

的网状图形，叫作单代号网络图，如图 4.44（b）所示。用单代号网络图表示的计划称为单代号网络计划。

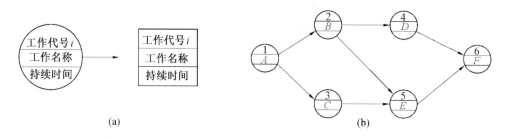

图 4.44　单代号网络图

（2）单代号网络图的组成。

单代号网络图也是由节点、箭线及线路组成。

① 节点。在单代号网络图中，节点表示一个施工过程或一项工作，其范围、内容与双代号网络图箭线基本相同。节点宜用圆圈或矩形表示，当有两个以上施工过程同时开始或结束时，一般要虚拟一个"开始节点"或"结束节点"，以完善其逻辑关系。节点的编号同双代号网络图。

② 箭线。单代号网络图中的每条箭线均表示相邻工作之间的逻辑关系；箭头所指的方向表示工作的进行方向；在单代号网络图中，箭线均为实箭线，没有虚箭线。箭线应保持自左向右的总方向，宜画成水平箭线或斜箭线。

③ 线路。在单代号网络图中，从起点节点到终点节点沿箭线方向顺序通过一系列箭线与节点的通路，称为单代号网络图的线路。单代号网络图也有关键施工过程和关键线路、非关键施工过程和非关键线路。

5. 网络计划优化

经绘制计算的网络计划是一个最初方案，也只是一种可行方案，并不一定是合乎其规定要求的方案或最优的方案。因此，还必须进行网络计划的优化。

网络计划的优化，是在既定的约束条件下，按选定目标，通过不断改进网络计划寻求满意方案。网络计划的优化目标，应按计划任务的需要和条件选定，一般有工期目标、费用目标和资源目标。网络计划的优化内容包括工期优化、费用优化和资源优化。

（1）工期优化。

工期优化是在一定约束条件下使工期合理，延长或缩短计算工期以达到要求工期的目标。

网络计划的初始方案编制好后，将其计算工期与要求工期相比较，会出现以下情况。

① 计算工期小于或等于要求工期。如果计算工期略小于要求工期或二者相等，一般可不优化。如果计算工期远小于要求工期，则宜进行优化。

工期优化的方法：首先延长个别关键工作的持续时间（相应减少这些工作单位时间资源需用量），相应改变非关键工作的时差，或重新选择施工方案，改变施工机械，调整施工顺序，重新分析逻辑关系；然后重新计算各工作的时间参数，反复进行，直至满足要求工期为止。

② 计算工期大于要求工期。在此情况下，在不改变网络计划中各工作逻辑关系的前提下，应缩短关键工作的持续时间，相应增加这些关键工作单位时间的资源需用量。但必须注意，由于关键线路的缩短，次关键线路可能成为关键线路，即有时需同时缩短次关键线路有关工作的持续时间，才能达到缩短工期的要求。缩短关键工作持续时间的方法有顺序法、加权平均法和选择法等。其中，顺序法是一种根据关键工作开始时间的先后顺序进行压缩工期的方法；加权平均法是一种按各关键工作持续时间占关键线路总工期的百分比压缩各工作持续时间的方法，此法简单，但未考虑压缩的关键工作所需的资源是否有保证及相应的费用增加幅度；选择法是一种充分考虑关键工作在工期压缩后能保证网络计划资源均衡的前提下压缩工期的方法，其更接近实际需要，此处主要介绍此法。

选择缩短持续时间的关键工作时，应考虑以下因素。

第一，应选择缩短持续时间对工程质量和安全影响不大的项目。

第二，为了保证压缩工期后资源量增加而使工作连续，要选择有充足备用资源的工作。

第三，缩短持续时间所需增加费用最小的工作。

将所有工作按是否满足上述三项要求确定优化系数，优选系数小的工作较适宜压缩。若同时需要压缩多个关键工作的持续时间，则它们的优选系数之和最小者应优先作为压缩对象。

当有几个方案均能满足要求工期时，应通过技术经济比较，从中选择最优方案。当用加快时间或改变网络计划都不能达到工期要求时，说明该工期不一定符合实际情况，应对计划的原技术、组织方案进行调整，或对要求工期重新审定。

采用选择法进行工期优化，可按以下步骤进行。

① 计算初始网络计划的工期 T_c，并找出关键线路及关键工作。

② 按要求工期 T_r 计算应压缩的时间 ΔT，$\Delta T = T_c - T_r$。

③ 确定各关键工作能缩短的持续时间。

④ 选择关键工作，压缩其持续时间，并重新计算网络计划的计算工期。

根据上述步骤进行工期压缩后，如计算工期仍超过要求工期，则重复上述步骤进行压缩，直至满足要求工期或工期不能再压缩为止。当所有关键工作的持续时间都已达到其缩短的极限时间而工期仍不能满足要求工期时，应调整初时方案或重新审定要求工期。

下面结合示例说明工期优化的计算步骤。

[例 4.9] 已知网络计划初始方案如图 4.45 所示，要求工期为 50 天，试对其进行工期优化。

解：该网络计划工期优化如下。

① 根据计算各节点的标号值，其关键线路为 1→2→3→4→5，计算初始网络计划的工期 $T_c = 60$ 天。

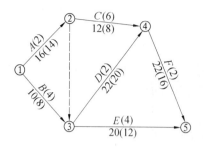

图 4.45　优化前的网络计划

② 按要求工期 T_r，计算应压缩的时间 ΔT。

$$\Delta T = T_c - T_r = 60 - 50 = 10（天）$$

③ 选择关键线路上优选系数较小的工作，依次进行压缩，直到满足要求工期。

根据图 4.46 中数据，选择关键线路上优选系数最小的工作为 1→2、3→4、4→5，其中，工作 1→2 可压缩 2 天，工作 3→4 可压缩 2 天，工作 4→5 可压缩 6 天，合计压缩 10 天。

如图 4.47 所示，重新计算各节点的标号值，其关键线路为 1→2→3→4→5，计算工期为 50 天，满足工期的要求。

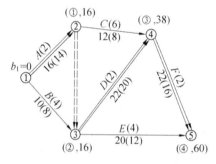

图 4.46　简捷计算法确定初始网络计划的时间参数

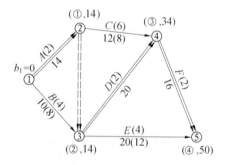

图 4.47　优化后的网络计划

（2）费用优化。

费用优化又称成本优化或时间成本优化。费用优化是指通过不同工期及其相应工程费用的比较，寻求与最低工程费用相对应的最优工期，或按要求工期寻求最低成本的计划安排过程。

① 费用与工期的关系。费用与工期有着密切的关系。一般来说，工程总费用由直接费和间接费构成。缩短工期会引起直接费的增加和间接费的减少，延长工期会引起直接费的减少和间接费的增加，如图 4.48 所示。费用优化寻求的目标是直接费和间接费之和最小时的工期，即最优工期，即图 4.48 中 A 点对应的工期。

网络计划中，工期的长短取决于关键线路的持续时间。而关键线路通常由持续时间和费用各不相同的工作构成。为此应该分析和研究各项工作的持续时间与直接费的关系。

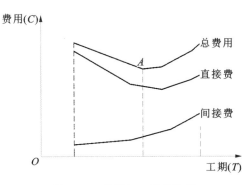

图 4.48 费用与工期的关系

一般来说，一项工作的直接费用随着持续时间的变化而改变，如图 4.48 所示，如果缩短时间，即加快施工进度，要采取增加人数、机械设备和材料，加班加点和多班作业，高价的施工方法和机械设备等措施，直接费也跟着增加。然而，工作时间缩短至某一极限，则无论增加多少直接费，也不能再缩短工期，此极限成为临界点，此时的时间为最短持续时间，此时的费用为最短时间的直接费。反之，如果延长时间，则可减少直接费，此极限为正常点，此时的时间称为正常持续时间，此时的费用为正常时间的直接费。

连接正常点和临界点之间的曲线称为费用曲线。事实上此曲线并非光滑的曲线，而为一折线。但为计算方便，可近似地将它假定为一直线，如图 4.49 所示。我们把因缩短工作时间（赶工）每一单位时间所需增加的直接费简称为直接费用率，按如下公式计算

$$\Delta C_{i-j} = \frac{CC_{i-j} + CN_{i-j}}{DN_{i-j} + DC_{i-j}} \tag{4.49}$$

式中：ΔC_{i-j}——工作 $i-j$ 的直接费用率；

$\quad\quad CC_{i-j}$——将工作 $i-j$ 持续时间缩短为最短时间后，完成该工作所需的直接费用；

$\quad\quad CN_{i-j}$——在正常条件下完成工作 $i-j$ 所需的直接费用；

$\quad\quad DN_{i-j}$——工作 $i-j$ 的正常持续时间；

$\quad\quad DC_{i-j}$——工作 $i-j$ 的最短持续时间。

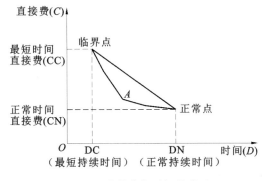

图 4.49 直接费与时间的关系

从式（4.49）可以看出，工作的直接费用率越大，则将该工作的持续时间缩短一个时间单位，相应增加的直接费就越多；反之，工作的直接费用率越小，则将该工作的持续时间缩短一个时间单位，相应增加的直接费就越少。因此，要缩短计算工期，首先要缩短位于关键线路上的费用率最小的那项工作的持续时间，这样才能使直接费增加量最少。进行费用优化，首先应求出不同工期下最低直接费，然后考虑相应的直接费影响和工期变化带来的其他损益，最后再通过叠加求最低工程费用。直接费与时间的关系见图 4.49。

② 费用优化的方法和步骤。

a. 计算正常作业条件下工程网络计划的工期、关键线路和总直接费、总间接费及总费用。

b. 计算各项工作的直接费率。

c. 在关键线路上，选择直接费率（或组合直接费率）最小并且不超过工程间接费率的工作作为被压缩对象。

d. 将被压缩对象压缩至最短，当被压缩对象为一组工作时，将该组工作压缩同一数值，并找出关键线路，如果被压缩对象变成了非关键工作，则须适当延长其持续时间，使其刚好恢复为关键工作为止。

e. 重新计算和确定网络计划的工期、关键线路。

f. 重复 c～e 步骤，直至找不到直接费率或组合直接费率不超过工程间接费率的压缩对象为止。此时即求出总费用最低的最优工期。

g. 绘制出优化后的网络计划。在每项工作上注明优化的持续时间和相应的直接费用。

（3）资源优化。

资源是指为完成任务所需的劳动力、材料、机械设备和资金的统称。完成一项任务，所需资源量基本上是不变的，不可能通过资源优化将其减少，资源优化的目标是通过调整计划中某些工作的开始时间，使资源分布满足某些要求。

资源优化的前提条件：第一，在优化过程中，原网络计划各工作之间的逻辑关系不变；第二，在优化过程中，原网络计划各工作的持续时间不变；第三，除规定中断的工作外，一般不允许中断工作，应保持其连续性；第四，网络计划中各工作单位时间的资源需要量为常数，即资源均衡，而且是合理的。

资源优化有以下两种优化。

① "资源有限、工期最短"的优化。"资源有限、工期最短"的优化过程是通过调整计划安排，以满足资源限制条件，并使工期拖延最少的过程。资源分配应遵循的原则：一是优先满足关键工作，按每天资源需用量大小，从大到小按顺序供应资源；二是非关键工作的资源供应按时差从大到小供应，同时考虑资源和工作中断。

优化步骤如下。

a. 按照各项工作的最早开始时间绘制时标网络计划，并绘制资源动态曲线，计算网络计划每个时间单位的资源租用量。

b. 从计划开始之日起，逐个检查每一时间资源需用量是否超过资源限值，找出首先出现超过资源现值的时段，进行优化调整。

c. 绘制调整后的网络计划。

重复上述步骤，直到满足要求。

② "工期固定，资源均衡"的优化。资源均衡可以使各种资源的动态曲线尽可能不出现短时期高峰或低谷，资源供应合理，从而节约施工费用。衡量资源均衡程度一般用不均匀系数 K 和方差 σ^2 表示。

a. 不均衡系数 K。

$$K = \frac{R_{\max}}{R_{\mathrm{m}}} \tag{4.50}$$

式中：$R_{\max}$——最大资源需用量；

R_{m}——资源需用量。

K 值越小，资源越均衡（$K < 1.5$ 为最好）。

b. 方差 σ^2。

方差值即每天计划需用量与每天平均需用量之差的平方和的平均值。

$$\sigma^2 = \frac{1}{T} \sum_{t=1}^{T} (R_t - R_{\mathrm{m}})^2 = \frac{1}{T} \sum_{t=1}^{T} R_t^2 - R_{\mathrm{m}}^2 \tag{4.51}$$

其中，T 及 R_{m} 为常数。欲使 σ^2 最小，只需 $\frac{1}{T} \sum_{t=1}^{T} R_t^2$ 为最小值。方差越小，说明资源均衡程度越好。

c. 优化步骤。

第一步：绘制时标网络计划图并计算每天资源需用量。

第二步：确定削峰目标，削峰值等于单位时间需求量的最大值减去一个需求单位。

第三步：从网络终点节点开始向开始节点优化，逐一调整非关键工作（调整关键工作会影响工期），调整的次序为先迟后早，相同时调整时差大的工作，如还相同时调整资源接近于平均资源的工作。

第四步：按下式确定工作是否调整

$$R_t - R_{\mathrm{n}} + r \leqslant 0 \tag{4.52}$$

式中：r——调整工作的资源量；

R_t——工作调整前该工作结束后第一天的资源量；

R_{n}——工作调整前该工作开始第一天的资源量。

第五步：绘制调整后的网络计划，并计算单位时间资源需求量。

第六步：重复第二步至第五步过程，直至峰值不能再调整为止。

6. 双代号网络计划应用实例

在实际工程中，网络计划的应用由于工程规模大小、工程繁简程度不一，网络计划的体系也不同。根据建设项目对象的不同，网络计划可分为建设项目施工总进度网络计划、单项工程施工进度网络计划、单位工程施工进度网络计划、分部工程施工进度网络计划等。

无论是分部工程施工进度网络计划还是单位工程施工进度网络计划，都是其相应施工组织文件的重要组成部分，都应与相应施工组织设计的体系一致，其编制步骤如下。

① 调查研究和收集资料。

② 确定施工方案、施工方法和工期目标。

③ 划分施工过程，明确各施工过程的施工顺序。

④ 计算各施工过程的工程量、劳动量、机械台班量。

⑤ 明确各施工过程的班组人数、机械台数、工作班数，计算各施工过程的持续时间。

⑥ 绘制初始网络计划，计算各项时间参数，确定关键线路和工期。

⑦ 检查初始网络计划的工期是否符合工期目标，资源是否均衡。

⑧ 进行网络计划的优化调整。

⑨ 绘制正式网络计划。

⑩ 上报审批。

在此，仅介绍分部工程施工进度网络计划和单位工程施工进度网络计划的编制。

（1）分部工程网络计划。

按现行国家标准《建筑工程施工质量验收统一标准》（GB 50300—2013），建筑工程可划分为地基与基础工程，主体结构工程，建筑装饰装修工程，屋面工程，建筑给水、排水及采暖工程，通风与空调工程，建筑电气工程，建筑智能化工程，建筑节能工程，电梯工程 10 个分部工程。

在每个分部工程中，既要考虑各施工过程之间的工艺关系，又要考虑组织施工中它们之间的组织关系。只有在考虑这些逻辑关系后，施工网络计划才能正确构成。同时还应注意网络图的构图，并且尽可能组织主导施工过程流水施工。

① 地基与基础工程网络计划。

a. 钢筋混凝土独立基础工程的网络计划。钢筋混凝土独立基础工程一般可以划分为土方开挖、浇筑混凝土垫层、绑扎钢筋、支基础模板、浇筑基础混凝土并养护、拆模、回填土等施工过程，当分为 3 个施工段时，按施工段排列的网络计划如图 4.50 所示。（为方便作图，图中名称较长的工作流程为简称，下同。）

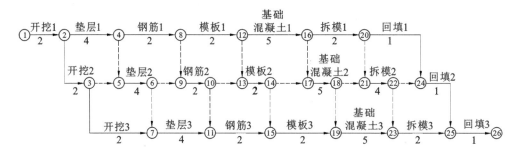

图 4.50 钢筋混凝土独立基础按施工段排列的网络计划

b. 钢筋混凝土杯型基础工程的网络计划。单层钢筋混凝土装配式工业厂房，其杯型基础工程的施工过程可划分为基坑开挖、浇筑混凝土垫层（含养护）、浇筑杯型基础、回填土 4 个施工过程。当划分为 3 个施工段组织流水施工时，按施工过程排列的网络计划如图 4.51 所示。

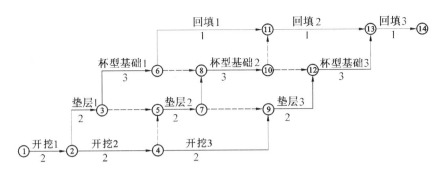

图 4.51 钢筋混凝土杯型基础按施工过程排列的网络计划

② 主体结构工程网络图。

a. 砌体结构的网络计划。五层砌体结构房屋，当结构主体为现浇钢筋混凝土构造柱、现浇钢筋混凝土过梁、现浇板、现浇楼梯时，若分 3 段施工，其网络计划可按施工过程排列，如图 4.52 所示。

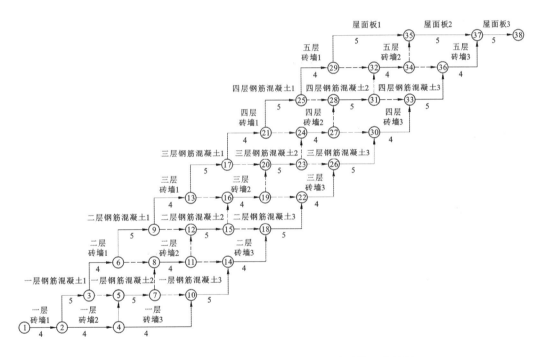

图 4.52 砌体结构主体工程按施工过程排列的网络计划

b. 现浇钢筋混凝土框架结构的网络计划。现浇钢筋混凝土框架结构主体工程的施工过程一般划分为立柱筋，支柱、梁、板、楼梯模板，浇筑柱混凝土，绑扎梁、板、楼梯钢筋，浇筑梁、板、楼梯混凝土，养护及拆模，砌筑填充墙等施工过程。每层分 3 个施工段组织施工，其标准层网络计划可按施工段排列，如图 4.53 所示。

③ 屋面工程。当屋面工程不分段施工时，根据屋面的设计构造层次要求逐层进行施工。柔性防水屋面施工过程划分为找坡找平层、隔汽层、保温层、找平层、防水层、保护层或使用面层。柔性防水屋面工程的网络计划，如图 4.54 所示。

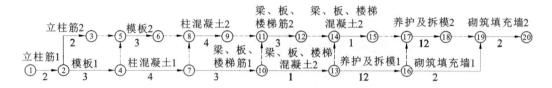

图 4.53　框架结构主体工程按施工段排列的网络计划

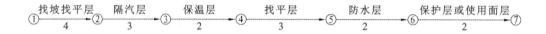

图 4.54　柔性防水屋面工程的网络计划

④ 装饰装修工程网络计划。某四层办公楼的建筑装饰装修工程的内装饰装修施工，划分为楼地面、顶棚抹灰、内墙面抹灰、门窗扇、油漆玻璃、细部、楼梯间 7 个施工过程，每楼层划分为一个施工段，室内装饰装修工程宜按自上而下的顺序进行，按施工过程排列的网络计划如图 4.55 所示。

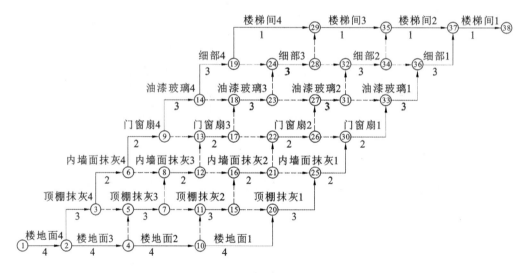

图 4.55　建筑装饰装修工程网络计划

（2）单位工程网络计划。

编制单位工程网络计划时，首先，要熟悉图纸，对工程对象进行分析，摸清建设规模和施工现场施工条件，选择施工方案，确定合理的施工顺序和主要施工方法，根据各施工过程时间的逻辑关系绘制网络图，并将各分部工程的施工顺序最大限度地合理搭接起来。其次，分析各施工过程在网络图中的地位，通过计算时间参数，确定关键施工过程、关键线路和各施工过程的机动时间。最后，应根据上级要求、合同规定、施工条件及经济效益等，统筹考虑，调整计划，制订最优的计划方案，上报审批后执行。

4.1.3 施工进度计划的编制

单位工程施工进度计划是在施工方案的基础上，根据规定的工期和技术物资供应条件，遵循工程的施工顺序，用图表形式表示各分部分项工程搭接关系及工程开工、竣工时间的一种计划安排。

1. 概述

（1）单位工程施工进度计划的作用及分类。

单位工程施工进度计划是施工组织设计的重要内容，是控制各分部分项工程施工进程及总工期的主要依据，也是编制施工作业计划及各项资源需要量计划的依据。它的主要作用：确定各分部分项工程的施工时间及其相互之间的衔接、穿插、平行搭接、协作配合等关系；确定所需的劳动力、机械、材料等资源用量；指导现场的施工安排，确保施工任务的如期完成。

单位工程施工进度计划根据工程规模的大小、结构的难易程度、工期长短、资源供应情况等因素确定。根据其作用一般可分为控制性和指导性进度计划两类：控制性进度计划按分部工程来划分施工过程，控制各分部工程的施工时间及其相互搭接配合关系，它主要适用于工程结构较复杂、规模较大、工期较长而需跨年度施工的工程（如宾馆、体育场、火车站候车大楼等大型公共建筑），还适用于虽然工程规模不大或结构不复杂但各种资源（劳动力、机械、材料等）不落实的情况，以及建筑结构等可能变化的情况；指导性进度计划按分项工程或施工顺序来划分施工过程，具体确定各施工过程的施工时间及其相互搭接、配合关系，它适用于任务具体而明确、施工条件基本落实、各项资源供应正常及施工工期不太长的工程。

（2）单位工程施工进度计划的表达方式及组成。

单位工程施工进度计划的表达方式一般有横道图和网络图两种。横道图的表格形式见图 4.56，施工进度计划横道图由两部分组成：一部分反映拟建工程所划分的施工过程、工程量、劳动定额、施工人数及机械数、工作班次及工作延续时间等计算内容；另一部分用图表形式表示各施工过程的起止时间、延续时间及其搭接关系。

序号	施工过程名单	工程量		劳动定额	劳动量		机械		每天工作班次数	每天工人数	施工时间	施工进度															
		单位	数量		定额工日	计划工日	机械名称	台班数				月														月	
												2	4	6	8	10	12	14	16	18	20	22	24	26	28	30	

图 4.56　施工进度计划横道图

（3）单位工程施工进度计划的编制依据。

单位工程施工进度计划的编制依据主要包括施工图、工艺图及有关标准图等技术资料；施工组织总设计对本工程的要求；施工工期要求；施工方案、施工定额以及施工资源供应情况。

2. 单位工程施工进度计划的编制

单位工程施工进度计划的编制步骤及方法如下。

（1）划分施工过程。

编制单位工程施工进度计划时，首先必须研究施工过程的划分，再进行有关内容的计算和设计。施工过程划分应考虑下述要求。

① 施工过程划分的粗细程度的要求。

对于控制性施工进度计划，其施工过程的划分可以粗略一些，一般可按分部工程划分施工过程，如开工前准备、打桩工程、基础工程、主体结构工程等。对于指导性施工进度计划，其施工过程的划分可以细化，要求每个分部工程所包括的主要分项工程均应列出，起到指导施工的作用。

② 对施工过程进行适当合并，达到简明清晰的要求。

施工过程划分太细，则过程越多，施工进度图表就会越繁杂，重点不突出，反而失去指导施工的意义，并且增加编制施工进度计划的难度。因此，为了使计划简明清晰、突出重点，一些次要的施工过程应合并到主要施工过程中，如基础防潮层可合并到基础施工过程；有些虽然重要但工程量不大的施工过程也可与相邻的施工过程合并，如挖土方可与垫层施工合并列为一项，组织混合班组施工；同一时期由同一工种施工的施工项目也可合并在一起，如墙体砌筑，不分内墙、外墙、隔墙等合并为墙体砌筑。

③ 施工过程划分的工艺性要求。

现浇钢筋混凝土施工，一般可分为支模、绑扎钢筋、浇筑混凝土等施工过程，是合并还是分别列项，应视工程施工组织、工程量、结构性质等因素研究确定，一般现浇钢筋混凝土框架结构的施工应分别列项，而且可分得细一些，如绑扎柱钢筋，安装柱模板，浇筑柱混凝土，安装梁、板模板，绑扎梁、板钢筋，浇捣梁、板混凝土，养护，拆模等施工过程。但现浇钢筋混凝土工程量不大的工程，一般不再分细，可合并为一项，如砌体结构工程中的现浇雨篷、圈梁、厕所及盥洗室的现浇楼板等，即可列为一项，由施工班组的各工种互相配合施工。

抹灰工程一般分内、外墙抹灰。外墙抹灰工程可能有若干种装饰抹灰的做法要求，一般情况下合并列为一项，也可分别列项。室内的各种抹灰应按楼地面抹灰、顶棚及墙面抹灰、楼梯间及踏步抹灰等分别列项，以便组织施工和安排进度。

施工过程的划分应考虑所选择的施工方案，如房基础采用敞开式施工方案时，柱基础和设备基础可合并为一个施工过程；而采用封闭式施工方案时，则必须列出柱基础、设备基础这两个施工过程。住宅建筑的水、暖、煤、卫、电等房屋设备安装是建筑工程的重要组成部分，应单独列项；工业厂房的各种机电等设备安装也要单独列项，但不必细分，可由专业队或设备安装单位单独编制其施工进度计划。土建施工进度计划中列出设备安装的施工过程，表明其与土建施工的配合关系。

④ 明确施工过程对施工进度的影响程度。

施工过程对工程进度的影响程度可分为三类：第一类为资源驱动的施工过程，这类施工过程直接在拟建工程进行作业，占用时间、资源，对工程的完成与否起着决定性的作用，它在条件允许的情况下，可以缩短或延长工期；第二类为辅助性施工过程，它一般不占用拟建工程的工作面，虽需要一定的时间且消耗一定的资源，但不占用工期，故可不列入施工计划以内，如交通运输、场外构件加工或预制等；第三类施工过程虽直接在拟建工程进行作业，但它的工期不以人的意志为转移，随着客观条件的变化而变化，它应根据具体情况列入施工计划，如混凝土的养护等。

施工过程划分和确定之后，应按前述施工顺序列出施工过程的逻辑联系。

（2）计算工程量。

当确定了施工过程之后，应计算每个施工过程的工程量。工程量应根据施工图纸、工程量计算规则及相应的施工方法进行计算。实际就是按工程的几何形状进行计算，计算时应注意以下几个问题。

① 注意工程量的计量单位。

每个施工过程的工程量的计量单位应与采用的施工定额的计量单位相一致，如模板工程以平方米为计量单位，绑扎钢筋工程以吨为计量单位，混凝土以立方米为计量单位等。这样，在计算劳动量、材料消耗量及机械台班量时就可直接套用施工定额，不再进行换算。

② 注意采用的施工方法。

计算工程量时，应与采用的施工方法相一致，以便计算的工程量与施工的实际情况相符合。例如，挖土时是否放坡，是否增加工作面，坡度和工作面尺寸是多少；开挖方式是单独开挖、条形开挖，还是整片开挖等，不同的开挖方式，土方工程量相差是很大的。

③ 正确取用预算文件中的工程量。

如果编制单位工程施工进度计划时，已编制出预算文件（施工图预算或者施工预算），则工程量可以从预算文件中抄出并汇总。例如，要确定施工进度计划中列出的"砌筑墙体"这一施工过程的工程量，可先分析它包括哪些施工内容，然后从预算文件中摘出这些施工内容的工程量，再将它们全部汇总即可求得。但是，施工进度计划中某些施工过程与预算文件的内容不同或有出入时，则应根据施工实际情况加以修改、调整或者重新计算。

（3）套用施工定额。

确定了施工过程及其工程量之后，即可套用施工定额（当地实际采用的劳动定额及机械台班定额），以确定劳动量和机械台班量。

在套用国家或当地颁布的定额时，必须注意结合本单位工人的技术等级、实际操作水平、施工机械情况和施工现场条件等因素，确定定额的实际水平，使计算的劳动量、机械台班量符合实际需要。

有些采用新技术、新材料、新工艺或特殊施工方法的施工过程，定额中尚未编入，这时可参考类似施工过程的定额、经验资料，按实际情况确定。

（4）计算劳动量和机械台班量。

根据施工项目的工程量和所采用的定额，即可按式（4.53）计算出各施工项目所需要的劳动量和机械台班量。

$$P_i = \frac{Q_i}{S_i} = Q_i H_i \qquad (4.53)$$

式中：P_i——某分项工程的劳动量或机械台班量（工日或台班）；

Q_i——某分项工程的工程量（m^3、m^2、m 或 t）；

S_i——某分项工程计划产量定额（m^3/工日、m^2/工日、m/工日 或 t/工日）；

H_i——某分项工程计划时间定额（工日/m^3、工日/m^2、工日/m 或 工日/t）。

当某施工项目由若干个分项工程合并而成时，其总劳动量应按下式计算

$$P_{总} = \sum_{i=1}^{n} P_i = P_1 + P_2 + \cdots + P_n \qquad (4.54)$$

当某施工项目是由同一工种，但不同做法、不同材料的若干个分项工程合并而成时，则应分别根据各分项工程的时间定额（或产量定额）及工程量，按式（4.55）计算出合并后的综合产量定额（或综合时间定额）。

$$\overline{S} = \frac{\sum_{i=1}^{n} Q_i}{\sum_{i=1}^{n} P_i} = \frac{Q_1 + Q_2 + \cdots + Q_n}{P_1 + P_2 + \cdots + P_n} = \frac{Q_1 + Q_2 + \cdots + Q_n}{\dfrac{Q_1}{S_1} + \dfrac{Q_2}{S_2} + \cdots + \dfrac{Q_n}{S_n}} \qquad (4.55)$$

$$\overline{H} = \frac{1}{S} \qquad (4.56)$$

式中：$\overline{S}$——某施工项目的综合产量定额（m^3/工日 或 m^3/台班）；

$\overline{H}$——某施工项目的综合时间定额（工日/m^3 或 台班/m^3）；

$\sum_{i=1}^{n} Q_i$——某分项工程计划产量定额（m^3/工日、m^2/工日、m/工日 或 t/工日）；

$\sum_{i=1}^{n} P_i$——总劳动量（工日）。

Q_1，Q_2，$\cdots$，Q_n——同一施工项目的各分项工程的工程量；

S_1，S_2，$\cdots$，S_n——与 Q_1，Q_2，$\cdots$，Q_n 相对应的产量定额。

零星项目所需要的劳动量可结合实际情况，根据承包单位的经验进行估算。

水暖电卫等工程通常由专业施工单位施工，因此，在编制施工进度计划时，不计算其劳动量和机械台班数，仅安排其与土建施工相配合的进度。

（5）确定各项目的施工持续时间。

各项目施工持续时间的确定同流水节拍的计算。其确定方法有 3 种：经验估算法、定额计算法和倒排计划法。

① 经验估算法。经验估算法先估计完成该施工项目的 3 种施工时间，即最乐观时间、最悲观时间和最可能时间，再根据公式计算该施工项目的持续时间。这种方法适用于新结构、新技术、新工艺、新材料等无定额可循的施工项目。其计算公式为

$$T_i = \frac{A + 4B + C}{6} \tag{4.57}$$

式中：T_i——施工项目的持续时间；

　　　A——最乐观的时间估算（最短时间）；

　　　B——最可能的时间估算（正常时间）；

　　　C——最悲观的时间估算（最长时间）。

② 定额计算法。定额计算法是根据施工项目需要的劳动量或机械台班量，以及配备的劳动人数或机械台班，确定施工过程持续时间。其计算公式为

$$D = \frac{P}{NR} \tag{4.58}$$

式中：D——以手工操作或机械操作为主的某施工项目的持续时间（天）；

　　　P——该施工项目所需的劳动量（工日）或机械台班数（台班）；

　　　N——每天采用的工作班制（班）或工作台班（台班）；

　　　R——该施工项目所配备的施工班组人数（人）或机械台数（台）。

在实际工作中，必须结合施工现场的具体条件、最小工作面与最小劳动组合人数的要求，以及机械施工的工作面大小、机械效率、机械必要的停歇维修与保养时间等因素，才能确定符合实际要求的施工班组数及机械台班数。

③ 倒排计划法。倒排计划法是根据施工的工期要求，先确定施工过程的持续时间、工作班制，再确定施工班组人数或机械台数。计算公式如下

$$A = \frac{P}{ND} \tag{4.59}$$

式中参数意义同式（4.58）。

④ 编制施工进度计划的初始方案。上述各项内容确定之后，开始编制施工进度计划，即表格右边部分。编制进度计划时，首先把单位工程分为几个分部工程，安排每个分部工程的施工进度计划，再将各分部工程的进度进行合理搭接，最后汇总成整个单位工程进度计划的初步方案。施工进度计划可采用横道图或网络图的形式。

⑤ 检查与调整施工进度计划。施工进度计划初步方案编制以后，还需要经过检查、复核、调整，最后才能确定较合理的施工进度计划。

a. 施工顺序的检查与调整。施工顺序应符合建筑施工的客观规律，要从技术上、工艺上、组织上检查各施工顺序是否正确，流水施工的组织方法应用是否正确，平行搭接施工及施工中的技术间歇是否合理。

b. 施工工期检查与调整。计划工期应满足施工合同的要求，应具有较好的经济效益，一般评价指标有两种：提前工期与节约工期。提前工期是指计划工期比上级要求或合同规定工期提前的天数。节约工期是指计划工期比定额工期少用的天数。当进度计划既没有提前工期又没有节约工期时，应进行必要的调整。

c. 资源消耗均衡性的检查与调整。施工进度计划的劳动力、材料、机械等供应与使用，应避免过分集中，尽量做到均衡。在此，主要讨论劳动力消耗的均衡问题。一般的检查方法是观察劳动力和物资需要量的变动曲线。这些动态曲线如果有较大的高峰出

现时，则可用适当移动穿插项目的时间或调整某些项目的工期等方法逐步加以改进，最终使施工过程趋于均衡。

劳动力消耗的均衡性可用劳动力消耗不均衡系数 K 来表示，其公式如下

$$K = \frac{R_{max}}{R_m} \tag{4.60}$$

式中：R_{max}——施工期间的最高峰人数；

R_m——施工期间的平均人数。

K 值最理想为 1，在 2 以内为好，大于 2 则不正常，需要调整。

施工进度计划的每个步骤都是相互依赖、相互联系、同时进行的。建筑施工是复杂的生产过程，受客观条件影响的因素很多，如气候、物质与材料的供应、资金等，施工实际进度经常会出现不符合原计划的要求，所以施工进度计划并不是一成不变的，在施工中，应随时掌握施工动态，经常检查，不断调整。

（6）初排施工进度（以横道图为例）。

上述各项计算内容确定之后，即可编制施工进度计划的初步方案，一般的编制方法有以下两种。

① 根据施工经验直接安排的方法。

这种方法根据经验资料并计算，直接在进度表上画出进度线。其一般步骤：先安排主导施工过程的施工进度，然后再安排其余施工过程。它应尽可能配合主导施工过程并最大限度地搭接，形成施工进度计划的初步方案。总的原则是应使每个施工过程尽可能早地投入施工。

② 按工艺组合组织流水的施工方法。

这种方法就是先按各施工过程（即工艺组合流水）初排流水进度线，然后将各工艺组合最大限度地搭接起来。

无论采用上述哪一种方法编排进度，都应注意以下问题。

a. 每个施工过程的施工进度线都应用横道粗实线段表示。初排时可用铅笔细线表示，待检查调整无误后再加粗。

b. 每个施工过程的进度线所表示的时间（天）应与计算确定的延续时间一致。

c. 每个施工过程的施工起止时间应根据施工工艺顺序及组织顺序确定。

（7）检查与调整施工进度计划。

施工进度计划初步方案编制后，应根据与建设单位和有关部门的要求、合同规定及施工条件等，先检查各施工过程之间的施工顺序是否合理、工期是否满足要求、劳动力等资源消耗是否均衡，然后再进行调整，直至满足要求，正式形成施工进度计划。总的要求是在合理的工期下尽可能地使施工过程连续施工，这样便于资源的合理安排。

4.2　资源配备计划的编制

资源管理（规范）

施工进度计划确定之后，可根据各工序及持续期间所需资源编制出材料、劳动力、构件、半成品、施工机具等资源需要量计划，作为有关职能部门按计划调配的依据，以利于及时组织劳动力和物资的供应，确定工地临时设施，以保证施工顺利进行。

4.2.1　劳动力需用量计划

将各施工过程所需要的主要工种劳动力，根据施工进度的安排进行统计，就可编制出主要工种劳动力需要计划，见表4.5。它的作用是为施工现场的劳动力调配提供依据。

表 4.5　劳动力需用量计划

序号	工种名称	总劳动量/工日	每月需要量/工日					
			1	2	3	4	5	6

4.2.2　主要材料需用量计划

材料需用量计划主要为组织备料、确定仓库或堆场面积及组织运输之用。其编制方法是将施工预算中工料分析表或进度表中各项过程所需用材料，按材料名称、规格、需用量、使用时间并考虑到各种材料消耗进行计算汇总而得，见表4.6。

表 4.6　主要材料需用量计划表

序号	材料名称	规格	需要量		供应时间	备注

4.2.3　构件、配件和其他加工半成品需用量计划

建筑结构构件、配件和其他加工半成品的需要量计划主要用于落实加工订货单位，并按照所需规格、图号、需用量、使用部位、加工单位等，组织加工、运输和确定仓库或堆场，可根据施工图和施工进度计划编制，其形式见表4.7。

表 4.7 构件、配件和其他加工半成品需用量计划表

序号	构件、配件及 半成品名称	规格	图号	需要量		使用 部位	加工 单位	供应 日期	备注
				单位	数量				

4.2.4　施工机械需用量计划

根据施工方案和施工进度计划确定施工机械的机械名称，类型，型号，需用量，货源，使用起止时间。其编制方法是将施工进度计划表中每个施工过程、每天所需的机械类型、数量和施工工期进行汇总，以得出施工机械的需要计划，见表 4.8。

表 4.8 施工机械需用量计划表

序号	机械名称	类型、型号	需要量		货源	使用起止时间	备注
			单位	数量			

习　　题

1. 单位工程施工进度计划可分几类？分别适合什么情况？
2. 简述单位工程施工进度计划的编制步骤。
3. 施工进度计划的编制依据有哪些？
4. 资源需要量计划有哪些？
5. 横道图的表达形式如何？
6. 横道图的应用范围有哪些？
7. 什么叫双代号网络图？什么叫单代号网络图？
8. 什么叫关键线路、关键工作？
9. 简述工作总时差和自由时差的含义及其区别。
10. 某工程的工作逻辑关系见表 4.9，作该工程的双代号网络计划图。

表 4.9 某工程的施工过程的逻辑关系

工作名称	紧前工作	紧后工作	延续时间/天
A	—	D	4
B	—	E	6
C	—	E，H	4
D	A	F，G	6

工作名称	紧前工作	紧后工作	延续时间/天
E	$B，C$	G	4
F	D	—	12
G	$D，E$	—	7
H	C	—	8

11. 某网络计划的有关资料见表 4.10，试绘制双代号时标网络计划。在计划进行到第 11 天结束时，经检查发现：J 工作刚好完成，K 工作需作业 5 天，H 工作需作业 1 天。

表 4.10　某工程的施工过程的持续时间和逻辑关系

工作	A	B	C	D	E	F	G	H	J	K	L
持续时间/天	7	3	4	3	4	5	4	2	3	4	6
紧前工作	—	—	$B，E$	$A，C，H$	—	$B，E$	E	$F，G$	$F，G$	$A，C，J，H$	$F，G$

12. 某工程的施工过程资料见表 4.11，绘制该工程的时标网络图。

表 4.11　某工程的施工过程资料

工作	A	B	C	D	E	F	G
紧前工作	—	—	A	B	A	C	CDE
持续时间/天	2	2	1	3	5	5	7
每班人数/人	10	15	20	5	15	10	20

5 施工现场平面布置

5.1 施工现场平面布置的内容和原则

施工现场平面布置就是按照施工方案和施工总进度计划的要求，对施工现场的交通道路、材料仓库、临时建筑、临时水管、电线线路作出合理的规划布置，正确处理整个施工现场在施工期间所需各种临时设施和永久建筑以及拟建建筑之间的空间关系。施工现场总平面布置是否合理，对施工是否能够经济、合理、快捷顺利进行具有十分重要的影响。

5.1.1 施工现场平面布置图的内容

1. 施工总平面布置图的内容

（1）项目施工用地范围内的地形状况。

（2）全部拟建的建（构）筑物和其他基础设施的位置。

（3）项目施工用地范围内的加工设施、运输设施、存储设施、供电设施、供水供热设施、排水排污设施、临时施工道路和办公、生活用房等。

（4）施工现场必备的安全、消防、保卫和环境保护等设施。

（5）相邻的地上、地下既有建（构）筑物及相关环境。

2. 单位工程施工平面布置图的内容

（1）工程施工场地状况。

（2）拟建建（构）筑物的位置、轮廓尺寸、层数等。

（3）工程施工现场的加工设施、存储设施、办公和生活用房等的位置和面积。

（4）布置在工程施工现场的垂直运输设施、供电设施、供水供热设施、排水排污设施和临时施工道路等。

（5）施工现场必备的安全、消防、保卫和环境保护等设施。

（6）相邻的地上、地下既有建（构）筑物及相关环境。

5.1.2　施工现场平面布置原则

（1）平面布置科学合理，施工场地占用面积小。

（2）合理组织运输，减少二次搬运。

（3）施工区域的划分和场地的临时占用应符合总体施工部署和施工流程的要求，减少相互干扰。

（4）充分利用既有建（构）筑物和既有设施为项目施工服务，降低临时设施的建造费用。

（5）临时设施应方便生产和生活，办公区、生活区和生产区宜分离设置。

（6）符合节能、环保、安全和消防等要求。

（7）遵守当地主管部门和建设单位关于施工现场安全文明施工的相关规定。

5.1.3　施工总平面布置图的要求

（1）根据项目总体施工部署，绘制现场不同施工阶段（期）的总平面布置图。

（2）施工总平面布置图的绘制应符合国家相关标准要求并附必要说明。

5.1.4　施工现场平面布置的依据

1. 国家有关法律、法规及地方、行业的有关规定

如《中华人民共和国建筑法》《中华人民共和国环境保护法》《建设工程施工现场管理规定》《中华人民共和国文物保护法》等。

2. 施工场地所在地的自然、社会条件

（1）自然条件资料：施工现场所在地的地形、地貌、水文、地质、天气等资料。这些资料决定施工场地布置的位置、高程、排水、临时建筑的隔热保温的安排。

（2）技术经济条件资料：所在地的劳动力供应情况，原材料的供应情况，水、电供应条件，交通运输条件等。这些条件决定了施工平面布置的临时供水、临时供电的安排，工地临时建筑的修建和位置，场地内临时道路的布置和修建，场地内材料堆场和加工场地的安排等。

（3）施工场地周围的社会环境：周围社会劳动力和生活设施条件、当地政府及有关单位的情况、建设单位征地及能够提供的条件情况等。

3. 设计资料

设计资料包括建筑总平面布置图、地形图、区域规划图、已有和拟建建筑物的平面图等。

4. 施工组织设计资料

施工组织设计中关于施工方法、进度安排、材料供应计划、劳动力安排计划等，决

定了施工现场平面布置中施工机械、加工场地、施工道路、临时建筑、材料堆场的安排。

5.2 施工现场平面布置的设计步骤

施工现场平面布置的设计步骤：确定垂直运输机械的种类和位置，确定混凝土、砂浆搅拌机械的位置，确定钢筋、模板等加工棚的位置，确定原材料、构配件的堆场，布置运输道路，确定临时建筑，布置临时管线，布置安全设施。

施工平面布置案例
（施工组织设计）

5.2.1 垂直运输机械位置的确定

垂直运输机械的位置直接影响仓库、堆场、砂浆和混凝土搅拌站的位置，以及道路和水电线路的布置等。因此，首先要确定垂直运输机械的位置。

垂直运输机械起着垂直运送物资材料的作用，主要种类有塔式起重机、井架、龙门架、施工电梯等，采用哪种机械取决于垂直运输机械的性能、建筑物平面形状及大小、施工段的划分、材料堆场及平面运输等因素。垂直运输机械的布置原则是充分利用运输机械的能力和尽量减少材料的水平运输距离，减少二次搬运。

1. 塔式起重机的布置

塔式起重机包括固定式和行走式两种。行走式起重机稳定性较差，目前应用较少。塔式起重机的平面位置主要取决于建筑物的平面形状和四周场地条件，一般布置在长度较大一边的建筑物中间，沿长度方向布置，建筑物平面尽可能处于吊臂回转半径范围内，以便直接将材料和构件运至任何施工地点，尽量避免出现"死角"。

（1）塔式起重机的位置。

塔式起重机沿建筑物长度方向布置，其回转半径 R 应满足下式要求

$$R \geqslant B + D \tag{5.1}$$

式中：R ——塔式起重机最大回转半径，m；

B ——建筑物平面最大宽度，m；

D ——轨道中心线与外墙中心线的距离，m。

（2）塔式起重机的起重参数。

选择塔式起重机要根据工程实际情况确定其最大起重量 Q、回转半径 R、起重高度 H，三者都应满足起重要求，如不能满足要求，则应重新选择起重机械。

（3）塔式起重机的服务范围。

布置塔式起重机的平面位置时，应该考虑尽量使建筑物平面处于起重机服务范围内，如不能使起重机的服务范围覆盖建筑平面，须将构件作水平移动，推移的距离一般不超过1m，并应有严格的技术措施。

2. 井架、龙门架的布置

井架、龙门架一般作为物料的提升机械，特别是松散材料，如砂、石、砂浆、砌块等材料，应充分发挥起重机械的能力，并使地面和楼面的运距最小。布置时应考虑以下几个方面。

（1）井架、龙门架布置的位置。

井架、龙门架的位置一般取决于建筑物的平面形状和大小、建筑物高低层分界位置、流水段的划分和施工现场大小等因素。当建筑物呈长条状、层数和高度相同时，应将井架、龙门架布置在流水段的分界处，并布置在现场较宽的一边。

（2）井架、龙门架的布置原则。

总的原则是最大限度地利用机械的功能，减小水平运距。布置时应考虑以下几个原则。

① 当工程各部分高度相同时，应布置在施工段的分界线附近。

② 当工程各部分高度不同时，应布置在高低分界线较高部位一侧。

③ 井架、龙门架布置的位置尽量在门窗洞口处，减少井架拆除后修补墙体的工作。

④ 井架、龙门架的数量根据工程量、进度、建筑物高度、材料的数量确定，其服务范围一般为 50～60m，台班吊装次数一般为 80～100 次。

⑤ 卷扬机的位置不应离起重机械太近，以便司机的视线能够看到升降过程，一般要求距离大于建筑物的高度，且最短距离不小于 10m，水平距离外脚手架 3m 以上。

⑥ 井架应在外脚手架之外，一般 5～6m。

3. 施工电梯

施工电梯一般安装于建筑物外部，一般用于运送施工人员及建筑材料和工器具。

施工电梯的位置布设原则：方便安装，一般固定于柱或剪力墙处；方便人员上下，一般安装于出入口处，并使电梯到建筑物各处的距离都较近。

4. 混凝土泵和泵车

混凝土泵可以进行混凝土的水平和垂直运输，在高层建筑中必须要用到混凝土泵。布置混凝土泵的位置时应考虑：混凝土泵管道的安装；混凝土泵车的进出和操作；供水、供电以及排水是否方便。

5.2.2　搅拌站、仓库、材料和构件堆场及加工棚的位置

搅拌站、仓库、材料和构件堆场及加工棚的位置总体要考虑原材料的进场和使用，因此要尽量使它们靠近使用地点或在起重机的服务范围内，便于装卸、运输。

1. 搅拌站的位置

搅拌站是生产砂浆、混凝土的地点，在城市内现在一般要求使用商品混凝土，因此搅拌站多用于生产砂浆。布置搅拌机时，应考虑以下几个因素。

（1）根据施工任务工程量的大小，选择合适的搅拌机型号和数量，使搅拌机靠近垂直运输机械，砂浆一般通过井字架、施工电梯运输。

（2）搅拌机的位置尽量靠近运输道路，且与场外运输道路连接，保证混凝土原料的进场和堆放。

（3）搅拌机上料口靠近水泥、砂、石堆场，并且应方便接入水源和电线，以及方便污水的排放。

（4）如果是大体积混凝土，搅拌机应靠近混凝土浇筑点。

（5）搅拌机出料口有宽敞的场地，方便运输混凝土和砂浆的车辆进出，场内运输一般为斗车。

2. 确定仓库、材料、构配件的堆场

首先计算仓库、材料及构配件堆场的面积，然后再根据各施工阶段的需要及材料的使用顺序进行布置。

（1）仓库、堆场面积的计算，可以根据施工进度、材料的供应情况和材料的分批进场，按下式计算

$$F = \frac{Q}{nqk} \tag{5.2}$$

式中：F——材料堆场或仓库面积，m^2；

Q——各种材料现场总用量，m^3；

n——该种材料分批进场的次数；

q——该材料每平方米存储定额；

k——堆场、仓库面积利用系数。

常用材料仓库或堆场面积计算参考指标见表5.1。

表 5.1　常用材料仓库或堆场面积计算参考指标

序号	材料、半成品名称	单位	每平方米储存定额	面积利用系数	备注	库存货堆场
1	水泥	t	1.2～1.5	0.7	堆高12～15袋	封闭仓库
2	生石灰	t	1.0～1.5	0.8	堆高1.2～1.7m	带棚堆场
3	砂子	m^3	1.0～1.2	0.8	堆高1.2～1.5m	露天
4	石子	m^3	1.0～1.2	0.8	堆高1.2～1.5m	露天
5	卷材	卷	45～50	0.7	堆高2m	仓库
6	木模板	m^2	4～6	0.7	—	露天
7	红砖	千块	0.8～1.2	0.8	堆高1.2～1.8m	露天
8	加气混凝土砌块	m^3	1.5～2.0	0.7	堆高1.5～2.0m	露天

（2）材料的堆放和仓库应尽量靠近使用地点，减少二次搬运并考虑运输及卸料方便。

（3）水泥仓库除了考虑靠近搅拌机和道路，还应选择地势较高、排水方便的地方。各种易燃、易爆品仓库还应符合防火、防爆的安全距离。木材、钢筋堆场靠近木工、钢筋加工棚。

（4）堆场的布置应考虑尽快分批进场，减小堆场的面积，根据施工进度和材料消耗量合理安排进场材料。

（5）根据材料的多少和重量合理安排位置，量多、重量大的材料布置在起重机附近；量小、重量轻的材料安排远一点。

（6）所有材料尽量靠近使用点，如砂、石、水泥靠近搅拌机；预制构件等构配件靠近垂直运输机械。

（7）根据施工进度安排不同的材料堆放。

3. 加工棚的布置

现场加工棚主要包括机修棚、钢筋加工棚、木工加工棚等，加工棚的位置可以设置在建筑物四周稍远处，并靠近相应的材料堆场。

现场加工作业棚的面积参考表 5.2 计算。

表 5.2　现场作业加工棚所需面积参考值

序号	名称	单位	面积/m²	备注
1	木工加工棚	m²/人	2	占地为建筑面积的 2～3 倍
2	钢筋加工棚	m²/人	3	占地为建筑面积的 3～4 倍
3	搅拌站	m²/台	10～18	
4	卷扬机棚	m²/台	6～12	
5	电工房	m²	15	
6	机修房	m²	20	
7	发电机房	m²/kW	0.2～0.3	
8	水泵房	m²/台	3～8	
9	空压机房（移动式）	m²/台	18～30	
10	空压机房（固定式）	m²/台	9～15	

5.2.3　现场运输道路的布置

施工现场道路主要考虑材料运输和消防通道两个问题，要保证材料能够运到仓库和堆场，同时还要考虑车辆转弯和调头。因此，施工现场道路最好围绕建筑物布置成环形道路。道路的最小宽度和转弯半径见表 5.3 和表 5.4。

道路两侧一般要设置排水沟，排水沟应结合地形布置，沟深和沟宽不小于 0.4m。

表 5.3 施工现场道路最小宽度

序号	车辆类别及要求	道路宽度/m
1	汽车单行道	≥3.5
2	汽车双行道	≥6.0
3	平板拖车单行道	≥4.0
4	平板拖车双行道	≥8.0

表 5.4 施工现场道路最小转弯半径

车辆类型	路面内侧的最小曲线半径/m		
	无拖车	有一辆拖车	有两辆拖车
小客车、三轮汽车	6	—	—
二轴载重汽车	单车道 9 双车道 7	12	15
三轴载重汽车	12	15	18
重型载重汽车			
起重型载重汽车	15	18	21

5.2.4 临时设施的布置

施工现场用于现场办公、生活和生产设施的临时用房，可以临时搭建或利用原有建筑物或采用活动板房。临时设施的布置在满足使用功能的基础上，要符合安全、卫生、环保、消防的要求。

1. 临时设施的分类

（1）办公用房：办公室、会议室等。

（2）生活设施：宿舍、休息室、茶水间、卫生间、食堂、娱乐室、卫生保健室等。

（3）生产设施：各种加工棚（木工加工棚、钢筋加工棚、金属加工棚）、仓库（水泥库、机修库、材料库）等。

（4）其他临时设施：围墙、临时道路、排水沟等。

2. 临时设施的布置原则

（1）办公设施和生活设施考虑的首要问题是安全，因此选址要与生产区、仓库保持一定的安全距离，不得设置于危险地基崖边和有滑坡、泥石流危险的可能的地质带。

（2）满足舒适、保温的要求，同时还要考虑节约的原则，尽量利用原有建筑和采用可循环利用的集装箱式房屋。

（3）满足方便工作、生活的要求和卫生、环保、消防的要求。

3. 临时设施的布置

（1）办公用房可布置在工地入口附近比较宽敞、舒适的位置，离生产区有一定的安全距离，同时在起重机工作范围以外。

（2）生活用房可以布置在场地外，如果条件不允许可布置在离施工场地入口较远的地方，离生产区有一定的安全距离，同时在起重机工作范围以外。

（3）工人休息室可安排在工人工作地点附近。

4. 临时设施建筑面积的计算

临时设施的建筑面积主要取决于建筑的使用性质和使用人数，以及工期长短和工序的安排。其建筑面积按使用人数最高峰人数考虑，其计算方法就是将该建筑的使用人数乘以相应的使用面积定额。办公、生活临时建筑面积参考指标见表5.5。

表5.5 办公、生活临时建筑面积参考指标

临时设施名称	参考指标/（m²/人）	备注
办公室	3～4	按办公人数考虑
会议室	4～5	按开会人数考虑
宿舍	2.5～3.5	按高峰期工人人数考虑
食堂	0.5～0.8	按高峰期用餐人数考虑
卫生间	2～2.5	按同时如厕人数考虑
浴室	0.07～0.1	按高峰期工人人数考虑
理发室	0.01～0.03	按高峰期工人人数考虑
俱乐部	0.1	按高峰期工人人数考虑
开水房	10～20m²	
医务室	0.05～0.07	按高峰期工人人数考虑

5.2.5 临时水电管网的布置

1. 临时水管的布置

施工现场人员生活、生产、消防需要用水，为了满足对水质、水量和水压的用水需求，需要对临时水管进行布置。

施工现场临时水管的布置需要计算用水量，根据用水量计算需要引入现场的管径，然后根据用水点和高度对管线进行布置。

（1）用水量的计算。

施工现场用水包括生产用水、生活用水和消防用水。

① 生产用水的用水量计算。生产用水包括工程用水（搅拌混凝土、砂浆、混凝土养护、冲洗石子等）、机械用水（内燃机、拖拉机等用水）和附属生产企业用水。

工程用水的用水量按下式计算

$$q_1 = K_1 \sum \frac{Q_1 N_1}{T_1 b} \times \frac{K_2}{8 \times 3600} \tag{5.3}$$

式中：q_1——施工工程用水量，L/s；

K_1——未预见施工用水系数，取 1.05～1.15；

Q_1——年（季）度工程量，以实物计量单位表示；

N_1——施工（生产）用水定额，见表 5.6；

T_1——年（季）度有效工作日，天；

b——每天工作班次；

K_2——施工用水不平衡系数，见表 5.7。

表 5.6 施工（生产）用水定额

序号	用水对象	单位	耗水量/L	备注
1	浇筑混凝土全部用水	m³	1700～2400	
2	搅拌普通混凝土	m³	250	
3	搅拌轻质混凝土	m³	300～350	
4	混凝土养护（自然养护）	m³	200～400	
5	混凝土养护（蒸汽养护）	m³	500～700	
6	冲洗模板	m³	5	
7	冲洗石子	m³	600～1000	含泥量 2%～3%
8	冲洗搅拌机	台班	600	
9	冲洗砂子	m³	1000	
10	砌筑工程全部用水	m³	150～250	
11	砌石工程全部用水	m³	50～80	
12	抹灰工程全部用水	m³	30	
13	湿润普通砖	千块	200～250	
14	抹面	m³	4～6	不包括调制用水
15	楼地面找平层	m³	190	
16	搅拌砂浆	m³	300	
17	消解石灰	t	3000	

表 5.7　施工用水不均衡系数

编号	用水名称	系数
K_2	现场施工用水	1.5
	附属生产企业用水	1.25
K_3	施工机械、运输机械用水	2.00
	动力设备用水	1.05～1.10
K_4	施工现场生活用水	1.3～1.5
K_5	居住区生活用水	2.00～2.50

施工机械用水的用水量计算按以下公式计算

$$q_2 = K_1 \sum Q_2 N_2 \times \frac{K_3}{8 \times 3600} \tag{5.4}$$

式中：q_2——机械用水量，L/s；

　　　K_1——未预见施工用水系数，取 1.05～1.15；

　　　Q_2——同一种机械台数，台；

　　　N_2——施工机械台班用水定额，见表 5.8；

　　　K_3——施工机械用水不平衡系数，按表 5.7 取值。

表 5.8　施工机械台班用水定额

序号	用水对象	单位	耗水量/L	备注
1	内燃挖土机	$m^3 \cdot$ 台班	200～300	以斗容量 m^3 计
2	内燃起重机	$t \cdot$ 台班	15～18	以起重量吨数计
3	内燃压路机	$t \cdot$ 台班	12～15	以压路机吨数计
4	拖拉机	台 $\cdot$ d	200～300	
5	汽车	台 $\cdot$ d	400～700	
6	空压机	$(m^3/min) \cdot$ 台班	40～80	以压缩空气 m^3/min 计
7	内燃机动力装置（直流水）	马力 $\cdot$ 台班	120～300	
8	内燃机动力装置（循环水）	马力 $\cdot$ 台班	25～40	
9	锅炉	$t \cdot h$	1000	以小时蒸发量计

② 生活用水的用水量计算。生活用水包括施工现场生活用水和生活区生活用水。

施工现场生活用水的用水量按下式计算

$$q_3 = \frac{P_1 N_3 K_4}{b \times 8 \times 3600} \tag{5.5}$$

式中：q_3——施工现场生活用水的用水量，L/s；

　　　P_1——施工现场高峰期人数，人；

　　　N_3——施工现场生活用水定额，一般取 20～60L/（人·天）；

K_4——施工现场生活用水不平衡系数，见表5.7；

b——每天工作班次。

居住区生活用水的用水量按下式计算

$$q_4 = \frac{P_2 N_4 K_5}{24 \times 3600} \quad (5.6)$$

式中：q_4——居住区生活用水的用水量，L/s；

P_2——居住区高峰期人数，人；

N_4——居住区生活用水定额，见表5.9；

K_5——居住区生活用水不平衡系数，按表5.7取值。

表5.9 居住区生活用水量定额

用水名称	单位	耗水量/L	用水名称	单位	耗水量/L
盥洗、饮用水	L/（人·每日）	25～40	理发室	L/（人·每次）	10～25
食堂	L/（人·每日）	10～20	洗衣房	L/（人·每次）	40～60
淋浴室	L/（人·每次）	50～60	生活区生活用水	L/人	80～120
施工现场生活用水	L/人	20～60			

消防用水量 q_5 按表5.10取值。

表5.10 消防用水量

序号	消防用水条件		火灾同时发生的次数	用水量（L/s）	备注
1	居民区消防用水	5000人以内	1	10	
2		10000人以内	2	10～15	
3		25000人以内	2	15～20	
4	施工现场消防用水		1	10～15	

总用水量 Q 的计算。

当 $q_1 + q_2 + q_3 + q_4 \leqslant q_5$ 时，则取

$$Q = 0.5 (q_1 + q_2 + q_3 + q_4) + q_5 \quad (5.7)$$

当 $q_1 + q_2 + q_3 + q_4 > q_5$ 时，则取

$$Q = q_1 + q_2 + q_3 + q_4 \quad (5.8)$$

当 $q_1 + q_2 + q_3 + q_4 < q_5$ 时，且工地面积小于5公顷时，则取

$$Q = q_5 \quad (5.9)$$

当计算出总用水量后，还应该增加10%，补偿不可避免的水管漏水损失，即

$$Q_总 = 1.1Q \quad (5.10)$$

（2）临时管道管径的计算。

临时管道管径的计算，按下式确定

$$d = \sqrt{\frac{4Q_{总}}{\pi v \times 1000}} \qquad (5.11)$$

式中：d——管道直径，mm；

　　　v——管网中水流速度，m/s，一般生活及施工用水取 1.5m/s，消防用水取 2.5m/s；

　　　$Q_{总}$——总用水量，L/s。当供水管为环形布置时，各管段采用同一用水量；当管网采用枝状布置时，枝状管段按各支管的最大用水量确定。

供水管径还可以采用查表法或经验法确定，一般建筑面积为 5000～10000m² 的建筑物，其施工用水主管直径为 100mm，支管直径为 25～40mm。

（3）供水管网的布置。

供水管网的布置方式有环状、枝状、混合式三种。环状供水可靠但造价高，一般用于规模较大建筑场地；枝状布置造价低，可靠性差，一般用于中小型工程；混合式介于二者之间。

管道的安装方式有明装和暗装两种。明装施工简单，施工速度快，造价低，但不利于保温和保护，容易损坏，冬季容易冻结；暗装较美观，利于保护和保温，当水管埋深在冰冻线以上时，要采取防冻措施。

管网的布置原则是在满足使用要求的条件下，管道要尽可能短，并尽可能利用原有管道，同时室外消防管道的布置要满足消防要求。

2. 现场临时电线的布置

施工现场临时电线的布置包括用电量的计算、变压器和导线截面的选择、线路的布置等内容。施工现场用电包括施工动力用电（生产机械、办公照明、办公）和生活照明用电等。

（1）用电量的计算。

施工现场用电主要包括施工动力用电和照明用电两个方面，用电量按下式计算

$$P = (1.05 \sim 1.10)\left(K_1 \frac{\sum P_1}{\cos\phi} + K_2 \sum P_2 + K_3 \sum P_3 + K_4 \sum P_4\right) \qquad (5.12)$$

式中：P——计算用电量，kVA；

　　　$\sum P_1$——全部施工用电设备中电动机额定用电量之和，kW；

　　　$\sum P_2$——全部施工用电设备中电焊机额定用电量之和，kW；

　　　$\sum P_3$——室内照明用电量之和，kW；

　　　$\sum P_4$——室外照明用电量之和，kW；

　　　$\cos\phi$——电动机平均功率因数，最高为 0.75～0.78，一般取 0.65～0.75；

　　　K_1、K_2、K_3、K_4——用电需要系数，按表 5.11 取值。

表 5.11 用电需要系数 K

用电名词	数量	需要系数		备注
电动机	3～10 台	K_1	0.7	此表中不含电加热用电量，如需使用另外计算
电动机	11～30 台	K_1	0.6	
电动机	30 台以上	K_1	0.5	
加工厂动力设备			0.5	
电焊接	3～10 台	K_2	0.6	
电焊接	10 台以上	K_2	0.5	
室内照明		K_3	0.8	
室外照明		K_4	0.8	

有时候为了简化计划总用电量，也可以采用简化计算方法，取照明用电为机械设备用电量的 10%，则总用电量可用下式计算：

$$P = 1.1\left(K_1\frac{\sum P_1}{\cos\phi} + K_2\sum P_2\right) \tag{5.13}$$

（2）变压器容量的计算。

施工现场可以将 10kV 电压直接降至 380V/220V，用电的有效半径为 500m。大型工地可以设几个变电所，所需变压器容量为 1.4P。

（3）配电导线截面直径的选择。

导线截面尺寸选择要满足 3 个方面的要求：应该有足够的力学强度，不发生断裂现象；在正常的温度下，能持续通过最大负荷电流而本身温度不超过规定值；电压损失应该在规定的范围内，保证机械设备的正常工作。但是根据施工现场的一般情况，导线截面尺寸按允许电流选择就可以满足其他两个方面的要求，按允许电流选择导线截面尺寸就是要满足以下条件：在三相四线制低压线时，导线允许的电流 $I=2P_总$。求出导线的允许电流后，则可以根据导线的材质和允许的电流选择导线的截面面积或直径。

（4）变压器及现场线路的布置。

① 电线布置分为枝状、环状及混合式三种。一般高压线网采用环状；低压线网采用枝状。供电线路尽可能靠近用电设备。

② 电线一般沿路边架空布置，采用木杆或水泥杆，也可以采用电缆埋地布置，杆距为 25～40m，距离建筑物外表面的水平距离大于 1.5m，垂直距离大于 2m。

③ 电线网布置时要避免影响交通，避免水沟、堆场、临时设施和拟建建筑部位；电线要布置在塔吊的作用半径之外，否则要采取措施。

④ 从线网接线时，要从电线杆上引出，不得从两根线杆之间的线路上引线。线路进入施工现场后要满足工地用电安全规定。

5.2.6 绘制施工平面图

一般工程施工平面布置图，由于工期不长、平面布置变化不大或者没有变化，平面布置图只画主体结构施工阶段的施工平面布置图就可以了。对于大型工程、工期很长的工程，在整个施工过程中，平面图根据施工进度的不同会发生较大的变化，就需要按照施工进度分别绘制基础、主体、装修阶段的施工平面布置图。

习　题

1. 施工总平面布置图和单位工程施工平面布置图的内容有哪些？

2. 施工现场平面布置的原则是什么？

3. 选择塔式起重机应满足哪几个参数？

4. 施工现场用水包括哪几个方面？如何确定施工现场总用水量？

5. 施工现场配电导线截面尺寸的选择应满足哪些条件？

6　主要施工管理计划的制订

6.1　主要施工管理计划简介

6.1.1　主要施工管理计划的内容

施工管理计划应包括进度管理计划、质量管理计划、安全管理计划、环境管理计划、成本管理计划以及其他管理计划等。

主要施工管理
计划内容（规范）

6.1.2　主要施工管理计划的制订要求

主要施工管理计划是施工组织设计中非常重要的内容，各项管理计划的制订，应根据项目的特点有所侧重，同时应严格执行现行国家、行业和地方的有关法律、法规、施工验收规范、标准和操作规程。

施工管理计划目前多作为管理和技术措施编制在施工组织设计中，这是施工组织设计必不可少的内容。施工管理计划涵盖很多方面的内容，可根据工程的具体情况加以取舍。在编制施工组织设计时，各项管理计划可单独成章，也可穿插在施工组织设计的相应章节中。

6.2　进度管理计划

进度管理内容
（规范）

施工方是工程实施的一个重要参与方，许多工程项目，特别是大型重点建设项目，工期要求十分紧迫，施工方的工程进度压力非常大。但是，盲目赶工难免会导致施工质量问题和施工安全问题的出现，并且会引起施工成本的增加。施工进度管理不仅关系到施工进度目标能否实现，它还直接关系到工程的质量和成本。因此，项目施工进度管理应按照项目施工的技术规律和合理的施工顺序，保证各工序在时间上和空间上衔接。

进度管理计划应包括下列内容：对项目施工进度计划进行逐级分解，通过阶段性目标的实现，保证最终工期目标的完成；建立施工进度管理的组织机构并明确职责，制订相应管理制度；针对不同施工阶段的特点，制订进度管理的相应措施，包括施工组织措施、技术措施和合同措施等；建立施工进度动态管理机制，及时纠正施工过程中的进度偏差，并制订特殊情况下的赶工措施；根据项目周边环境特点，制订相应的协调措施，减少外部因素对施工进度的影响。

6.2.1 施工进度控制目标

不同的工程项目其施工技术规律和施工顺序不同。即使是同一类工程项目，其施工顺序也难以做到完全相同。因此必须根据工程特点，按照施工的技术规律和合理的组织关系，解决各工序在时间和空间上的先后顺序和搭接问题，以达到保证质量、安全施工、充分利用空间、争取时间、实现经济合理安排进度的目的。

进度管理措施
（施工组织设计）

为了对施工进度实施控制，必须建立明确的进度目标，并按项目的分解建立分解层次的进度分目标，由此构成一个建设施工进度目标系统。编制人员在确定施工进度目标时应认真考虑下列因素。

1. 项目总进度计划对施工工期的要求

项目可按进展阶段的不同分解为多个层次，项目的进度目标则可按此层次分解为不同的进度分目标。施工进度目标是项目总进度目标的分目标，它应满足总进度计划的要求。

2. 项目的特殊性

施工进度目标的确定应考虑项目的特殊性，以保证进度目标切合实际，有利于进度目标的实现。

3. 合理的施工时间

任何建设项目都需要经过一定的时间才能完成，绝不能盲目确定施工期限，否则必然在实施中造成进度的失控。为了合理确定施工时间，应参照施工工期定额和以往类似工程施工的实际进度。

4. 资金条件

资金是保证项目进行的先决条件，如果没有资金的保证，进度目标则不能实现。所以施工进度目标的确定，应充分考虑资金投入计划。

5. 人力条件

施工进度目标的确定应与可能投入的施工力量相适应。

6. 物资条件

确定施工进度目标应充分考虑材料、设备、构件等物资供应的可能性，包括各种物资的可供应量和供应时间。

7. 环境的影响

环境的影响包括所在地的天气、政治经济条件等的影响。

8. 其他

施工进度目标可按施工阶段、专业工种、施工单位等分解，编制人员应根据所确定的分解目标来检查和控制进度计划的实施。

6.2.2 施工进度计划分解

在施工活动中，通常是通过对最基础的分部（分项）工程的施工进度控制来保证各个单项（单位）工程或阶段工程进度控制目标的完成，进而实现项目施工进度控制总体目标。因而，需要将总体进度计划进行一系列从总体到细部、从高层次到基础层次的层层分解，一直分解到在施工现场可以直接调度控制的分部（分项）工程或施工作业过程为止。

6.2.3 施工进度管理的组织机构

施工进度管理的组织机构是实现进度计划的组织保证。它既是施工进度计划的实施组织，又是施工进度计划的控制组织。它既要承担进度计划实施赋予的生产管理和施工任务，又要承担进度控制目标，对进度控制负责，因此需要严格落实有关管理制度和职责。

6.2.4 施工进度管理措施

面对不断变化的客观条件，施工进度往往会产生偏差；当实际进度比计划进度超前或落后时，控制系统就要作出反应：分析偏差产生的原因，采取相应的措施，调整原来的计划，使施工活动在新的起点上按调整后的计划继续运行，如此循环往复，直至实现预期计划目标。

项目周边环境是影响施工进度的重要因素之一，其不可控性大，必须重视诸如环境扰民、交通组织和偶发意外等因素，采取相应的协调措施。

1. 组织措施

组织是目标能否实现的决定性因素，因此，为实现项目的进度目标，应充分重视健全项目管理的组织体系。在项目组织结构中应有专门的工作部门和专人负责进度管理工作。进度管理的主要工作环节包括进度目标的分析和论证、编制进度计划、定期跟踪进度计划的执行情况、采取纠偏措施，以及调整进度计划。这些工作任务和相应的管理职能应在项目管理组织设计的任务分工表和管理职能分工表中标明并落实。

编制施工进度管理计划的工作流程：① 定义施工进度计划系统（由多个相互关联的施工进度计划组成的系统）的组成；② 各类进度计划的编制程序、审批程序和计划调整程序等。

进度管理工作包含了大量的组织和协调工作，而会议是组织和协调的重要手段，应进行有关进度管理会议的组织设计，以明确会议的类型，各类会议的主持人和参加单位及人员，各类会议的召开时间，各类会议文件的整理、分发和确认等。

2. 管理措施

（1）施工进度管理的管理措施涉及管理的思想、管理的方法、管理的手段，承发包模式、合同管理和风险管理等。在理顺组织的前提下，科学和严谨的管理十分重要。

（2）用工程网络计划的方法编制进度计划必须严谨分析和考虑工作之间的逻辑关系，通过工程网络的计算可发现关键工作和关键线路，也可知道非关键工作可使用的时差，工程网络计划的方法有利于实现进度管理的科学化。

（3）承发包模式和工程物资采购模式的选择。承发包模式直接关系到工程实施的组织和协调，为了实现进度目标，应选择合理的合同结构，以避免过多的合同交界面而影响工程的进展；工程物资的采购模式对进度也有直接的影响，对此应比较分析。

（4）为实现进度目标，不但应进行进度管理，还应注意分析影响工程进度的风险，并在分析的基础上采取风险管理措施，以减少进度失控的风险量。常见的影响工程进度的风险有组织风险、管理风险、合同风险、资源（人力、物力和财力）风险、技术风险等。

（5）应重视信息技术（包括相应的软件、局域网、互联网以及数据处理设备等）在进度管理中的应用。虽然信息技术对进度管理而言只是一种管理手段，但它的应用有利于提高进度信息处理的效率，有利于提高进度信息的透明度，有利于促进进度信息的交流和项目各参与方的协同工作。

3. 经济措施

施工进度管理的经济措施涉及工程资金需求计划和加快施工进度的经济激励措施等。

（1）为确保进度目标的实现，应编制与进度计划相适应的资源需求计划（资源进度计划），包括资金需求计划和其他资源（人力和物力资源）需求计划，以反映工程施工的各时段所需要的资源。通过资源需求的分析，可发现所编制的进度计划实现的可能性，若资源条件不具备，则应调整进度计划。

（2）在编制工程成本计划时，应考虑加快工程进度所需要的资金，包括为实现施工进度目标将要采取的经济激励措施所需要的费用。

4. 技术措施

施工进度管理的技术措施涉及对实现施工进度目标有利的设计技术和施工技术的选用。

（1）不同的设计理念、设计技术路线、设计方案会对工程进度产生不同的影响。在工程进度受阻时，应分析是否存在设计技术的影响因素，为实现进度目标有无设计变更的必要和是否可能变更。

（2）施工方案对工程进度有直接的影响。在其决策选用时，不仅应分析技术的先进性和经济合理性，还应考虑其对进度的影响。在工程进度受阻时，应分析是否存在施工技术的影响因素，为实现进度目标有无改变施工技术、施工方法和施工机械的可能性。

6.3 质量管理计划

建设工程质量不仅关系到建设工程的适用性、可靠性、耐久性和建设项目的投资效益，而且直接关系到人民群众的生命和财产安全。切实加强建设工程施工质量管理，预防和正确处理可能发生的工程质量事故，保证工程质量到达预期目标，是建设工程施工管理的主要任务之一。

质量管理内容
（规范）

我国《建设工程质量管理条例》（2019 修正）规定，参与工程建设各方依法对建设工程质量负责，施工单位对建设工程的施工质量负责。

1. 质量与施工质量

现行国家标准《质量管理体系　基础和术语》（GB/T 19000—2016）关于质量的定义是：客体的一组固有特性满足要求的程度。该定义可理解为：质量不仅是指产品的质量，也包括产品生产活动或过程的工作质量，还包括质量管理体系运行的质量；质量由一组固有的特性来表征（"固有的"特性是指本来就有的、永久的特性），这些固有特性是指满足顾客和其他相关方要求的特性，以其满足要求的程度来衡量；而质量要求是指明示的、隐含的或必须履行的需要和期望，这些要求又是动态的、发展的和相对的。也就是说，质量"好"或者"差"，以其固有特性满足质量要求的程度来衡量。

施工质量是指建设工程施工活动及其产品的质量，即通过施工使工程的固有特性满足建设单位（业主或顾客）需要并符合国家法律、行政法规和技术标准、规范的要求，包括在安全、使用功能、耐久性、环境保护等方面满足所有明示和隐含的需要和期望的能力的特性总和；其质量特性主要体现在由施工形成的建筑工程的适用性、安全性、耐久性、可靠性、经济性及与环境的协调性 6 个方面。

2. 施工质量要达到的基本要求

施工质量要达到的基本要求：施工建成的工程实体按照国家标准《建筑工程施工质量验收统一标准》（GB 50300—2013）及相关专业验收规范检查验收合格；建筑工程施工质量验收合格应符合工程勘察、设计文件的要求；符合上述标准和相关专业验收规范的规定。

（1）按图施工。

符合勘察、设计对施工提出的要求。工程勘察、设计单位针对本工程的水文地质条件，根据建设单位的要求，从技术和经济结合的角度，为满足工程的使用功能和安全性、经济性、与环境的协调性等要求，以图纸、文件的形式对施工提出要求，是针对每个工程项目的个性化要求。这个要求可归结为"按图施工"。

（2）依法施工。

符合国家法律、法规的要求。国家建设主管部门为了加强建筑工程质量管理，规范建筑工程施工质量的验收，保证工程质量，制订了相应的标准和规范。这些标准、规范是主要从技术的角度，为保证房屋建筑各专业工程的安全性、可靠性、耐久性而提出的一般性要求。这个要求可以归结为"依法施工"。

（3）践约施工。

施工质量在合格的前提下，还应符合施工承包合同约定的要求。施工承包合同的约定具体体现了建设单位的要求和施工单位的承诺，全面反映了对施工形成的工程实体在适用性、安全性、耐久性、可靠性、经济性和与环境的协调性六个方面的质量要求。这个要求可以归结为"践约施工"。

为了达到上述要求，施工单位必须建立完善的质量管理体系，并努力提高该体系的运行质量，对影响施工质量的各项因素实行有效的控制，以保证施工过程的工作质量来保证施工形成的工程实体的质量。

"合格"是对施工质量的基本要求，施工单位可与建设单位商定更高的质量要求，或自行创造更好的施工质量。有的专业主管部门设置了"优良"的施工质量评定等级；全国和地方（部门）的建设主管部门或行业协会设立了"中国建筑工程鲁班奖（国家优质工程）"以及"白玉兰奖"等各种优质工程奖等，都是为了鼓励包括施工单位在内的项目建设单位创造更好的施工质量和工程质量。

3. 影响施工质量的主要因素

影响施工质量的主要因素有人（man）、材料（material）、机械（machine）、方法（method）及环境（environment）五大方面，即 4M1E。

（1）人的因素。

这里讲的"人"，包括直接参与施工的决策者、管理者和作业者。人的因素影响主要是指上述人员个人的质量意识及质量活动能力对施工质量的形成造成的影响。我国实行的执业资格注册制度和管理及作业人员持证上岗制度等，从本质上说，就是对从事施工活动的人的素质和能力进行必要的控制。在施工质量管理中，人的因素起决定性的作用，所以，施工质量控制应以控制人的因素为基本出发点。人，作为控制对象，其工作应避免失误；作为控制动力，应充分调动人的积极性，发挥人的主导作用。必须有效控制参与施工的人员素质，不断提高人的质量活动能力，才能保证施工质量。

（2）材料的因素。

材料包括工程材料和施工用料，又包括原材料、半成品、成品、构配件和周转材料等。各类材料是工程施工的物质条件，材料质量是工程质量的基础，材料质量不符合要求，工程质量就不可能达到标准。所以，加强对材料的质量控制，是保证工程质量的重要基础。

（3）机械的因素。

机械设备包括工程设备、施工机械和各类施工工器具。工程设备是指组成工程实体的工艺设备和各类机具，如各类生产设备、装置和辅助配套的电梯、泵机，以及通风空调、消防、环保设备等，它们是工程项目的重要组成部分，其质量的优劣直接影响到工程使用功能的发挥。施工机械设备是指施工过程中使用的各类机具设备，包括运输设备、吊装设备、操作工具、测量仪器、计量器具以及施工安全设施等。施工机械设备是所有施工方案和工法得以实施的重要物质基础，因此合理选择和正确使用施工机械设备是保证施工质量的重要措施。

（4）方法的因素。

施工方法包括施工技术方案、施工工艺、工法和施工技术措施等。从某种程度上说，技术工艺水平的高低，决定了施工质量的优劣。采用先进合理的工艺、技术，依据规范的工法和作业指导书进行施工，必将对组成质量因素的产品精度、强度、平整度、清洁度、耐久性等物理、化学特性等方面起到良性的推进作用。

（5）环境的因素。

环境的因素主要包括施工现场自然环境因素、施工质量管理环境因素和施工作业环境因素。环境因素对工程质量的影响，具有复杂多变和不确定性的特点。

① 施工现场自然环境因素：主要指工程地质、水文、气象条件和周边建筑、地下障碍物以及其他不可抗力等对施工质量的影响因素。例如，在地下水位高的地区，若在雨季进行基坑开挖，遇到连续降雨或排水困难，就会引起基坑塌方或地基受水浸泡影响承载力等；在寒冷地区冬期施工措施不当，工程会因受到冻融而影响质量；在基层未干燥或大风天进行卷材屋面防水层的施工，就会导致粘贴不牢及空鼓等质量问题。

② 施工质量管理环境因素：主要指施工单位质量管理体系、质量管理制度和各参建施工单位之间的协调等因素。根据承发包的合同结构，理顺管理关系，建立统一的现场施工组织系统和质量管理的综合运行机制，确保工程项目质量保证体系处于良好的状态，创造良好的质量管理环境和氛围，是施工顺利进行、提高施工质量的保证。

③ 施工作业环境因素：主要指施工现场平面和空间环境条件，各种能源介质供应，施工照明、通风、安全防护设施，施工场地给排水，以及交通运输和道路条件等因素。这些条件是否良好，直接影响到施工能否顺利进行，以及施工质量能否得到保证。

对影响施工质量的上述因素进行控制，是施工质量控制的主要内容。

质量管理计划可参照《质量管理体系　要求》（GB/T 19001—2016），在施工单位质量管理体系的框架内由项目经理组织编写，报企业相关管理部门批准后实施。

质量计划应体现从工序、分项工程、分部工程到单位工程的过程控制，且应体现从资源投入到完成工程质量最终检验和试验的全过程管理与控制要求。质量管理计划应包括下列内容：按照项目具体要求确定质量目标并进行目标分解，质量指标应具有可测量性；建立项目质量管理的组织机构并明确职责；制订符合项目特点的技术保障和资源保障措施，通过可靠的预防控制措施，保证质量目标的实现；建立质量过程检查制度，并对质量事故的处理作出相应规定。具体而言，项目质量计划的主要内容如下：编制依据、项目概况、质量目标、项目质量管理体系、项目资源管理、产品实现、测量、分析和改进、文件和记录的控制、创优措施、项目质量计划的管理。

施工单位应按照《质量管理体系　要求》（GB/T 19001—2016）质量管理体系 ISO 9001：2015 建立本单位的质量管理体系文件，可以独立编制质量计划，也可以在施工组织设计中合并编制质量计划的内容。质量管理应按照 PDCA〔plan（计划）、do（执行）、check（检查）、act（处理）〕循环模式，加强过程控制，通过持续改进提高工程质量。

6.3.1 质量管理目标

应制订具体的项目质量目标，质量目标应不低于工程合同明示的要求，且应尽可能地量化和层层分解到最基层，建立阶段性目标。

建设工程项目施工质量控制的总目标，是实现由建设工程项目决策、设计文件和施工合同所决定的预期使用功能和质量标准。

1. 建设单位的控制目标

建设单位的控制目标是在施工阶段，通过对施工全过程、全面的质量监督管理，保证整个施工过程及其成果达到项目决策所确定的质量标准。

2. 设计单位的控制目标

保证设计质量是设计单位的控制目标。

3. 施工单位的控制目标

我国《建设工程质量管理条例》规定，施工单位对建设工程的施工质量负责；分包单位应当按照分包合同的约定对其分包工程的质量向总承包单位负责，总承包单位与分包单位对分包工程的质量承担连带责任。

4. 供货单位的控制目标

保证按时、保质、保量供货是供货单位的质量控制目标。

5. 监理单位的控制目标

施工质量的自控和监控是相辅相成的系统过程。自控主体的质量意识和能力是关键，是施工质量的决定因素；各监控主体所进行的施工质量监控是对自控行为的推动和约束。但自控主体不能因为监控主体的存在和监控职能的实施而减轻或免除其质量责任。

6.3.2 质量保证体系

1. 质量保证体系的建立和运行

（1）质量保证体系的内涵和作用。

体系是指相互关联或相互影响的一组要素。质量保证体系是为了保证某项产品或某项服务能满足给定的质量要求的体系，包括质量方针和目标，以及为实现目标所建立的组织结构系统、管理制度办法、实施计划方案和必要的物质条件组成的整体。质量保证体系的运行包括该体系全部有目标、有计划的系统活动。

质量控制措施
（施工组织设计）

在工程项目施工中，完善的质量保证体系是满足用户质量要求的保证。施工质量保证体系通过对那些影响施工质量的要素进行连续评价，对建筑、安装、检验等工作进行检查，并提供证据。质量保证体系是企业内部的一种系统的技术和管理手段；在合同环境中，施工质量保证体系可以向建设单位（业主）证明，施工单位具有足够的管理和技术上的能力，保证全部施工是在严格的质量管理中完成的，从而取得建设单位（业主）的信任。

（2）施工质量保证体系的内容。

工程项目的施工质量保证体系以控制和保证施工产品质量为目标，从施工准备、施工生产到竣工投产的全过程，运用系统的概念和方法，在全体人员的参与下，建立一套严密、协调、高效的全方位的管理体系，从而实现工程项目施工质量管理的制度化、标准化。其内容主要包括以下几个方面。

① 项目施工质量目标。

项目施工质量保证体系须有明确的质量目标，并符合项目质量总目标的要求；要以工程承包合同为基本依据，逐级分解目标以形成在合同环境下的各级质量目标。项目施工质量目标的分解主要从两个角度展开：从时间角度展开，实施全过程控制；从空间角度展开，实现全方位和全员的质量目标管理。

② 项目施工质量计划。

项目施工质量保证体系应有可行的质量计划。质量计划应根据企业的质量手册和项目的质量目标来编制。工程项目施工质量计划可以按内容分为施工质量工作计划和施工质量成本计划。施工质量工作计划主要内容：质量目标的具体描述和对整个项目施工质量形成的各工作环节的责任和权限的定量描述；采用的特定程序、方法和工作指导书；重要工序（工作）的试验、检验、验证和审核大纲；质量计划修订程序；为达到质量目标所采取的其他措施。施工质量成本计划是规定最佳质量成本水平的费用计划，是开展质量成本管理的基准。质量成本可分为运行质量成本和外部质量保证成本。运行质量成本是指为运行质量体系达到和保持规定的质量水平所支付的费用，包括预防成本、鉴定成本、内部损失成本和外需损失成本。外部质量保证成本是指依据合同要求向顾客提供所需要的客观证据所支付的费用，包括特殊的和附加的质量保证措施、程序、数据、检测试验和评定的费用。

③ 思想保证体系。

思想保证体系是项目施工质量保证体系的基础。该体系就是运用全面质量管理的思想、观点和方法，使全体人员树立"质量第一"的观点，增强质量意识，在施工的全过程中全面贯彻"一切为用户服务"的思想，以达到提高施工质量的目的。

④ 组织保证体系。

工程施工质量是各项管理工作成果的综合反映，也是管理水平的具体体现。项目施工质量保证体系必须建立健全各级质量管理组织，分工负责，形成一个有明确任务、职责、权限，互相协调和互相促进的有机整体。组织保证体系主要由成立质量控制小组（Quality Control Circle，QC 小组），健全各种规章制度，明确规定各职能部门主管人员和参与施工人员在保证和提高工程质量中所承担的任务、职责和权限，建立质量信息系统等内容构成。

⑤ 工作保证体系。

工作保证体系主要是明确工作任务和建立工作制度，落实在以下三个阶段：

a. 施工准备阶段。施工准备是为整个项目施工创造条件。准备工作的好坏，不仅直接关系到工程建设能否高速、优质地完成，而且也决定了能否对工程质量事故起到一定的预防、预控作用。在这个阶段要完成各项技术准备工作，进行技术交底和技术培训，制订相应的技术管理制度；按质量控制和检查验收的需要，对工程项目进行划分并分级编号；建立工程测量控制网和测量控制制度；进行施工平面设计，建立施工场地管理制度；建立健全材料、机械管理制度等。

b. 施工阶段。施工过程是建筑产品形成的过程，这个阶段的质量控制是确保施工质量的关键。必须加强工序管理，建立质量检查制度，严格实行自检、互检和专检，开展群众性的 QC 活动，强化过程控制，以确保施工阶段的工作质量。

c. 竣工验收阶段。工程竣工验收，是指单位工程或单项工程竣工，经检查验收，移交给下一道工序或移交给建设单位。这一阶段主要应做好成品保护，严格按规范标准进行检查验收和必要的处置，不让不合格工程进入下一道工序或进入市场，并做好相关资料的收集整理和移交，建立回访制度等。

（3）施工质量保证体系的运行。

施工质量保证体系的运行，应以质量计划为主线，以过程管理为重心，应用 PDCA 循环的原理，按照计划、实施、检查和处理的步骤展开。质量保证体系运行状态和结果的信息应及时反馈，以便进行质量保证体系的能力评价。

① 计划（plan）。

计划是质量管理的首要环节，通过计划，确定质量管理的方针、目标，以及实现方针、目标的措施和行动方案。计划包括质量管理目标和质量保证工作计划。质量管理目标的确定，就是根据项目自身特点，针对可能发生的质量问题、质量通病，以及与国家规范规定的质量标准的差距，或者用户提出的更新、更高的质量要求，确定项目施工应达到的质量标准。质量保证工作计划，就是为实现上述质量管理目标所采取的具体措施和实施步骤。质量保证工作计划应做到材料、技术、组织三落实。

② 实施（do）。

实施包含两个环节，即计划行动方案的交底和按计划规定的方法及要求展开的施工作业技术活动。第一，要做好计划的交底和落实。落实包括组织落实、技术和物资材料的落实。第二，在按计划进行的施工作业技术活动中，依靠质量保证工作体系，保证质量计划的执行。具体地说，就是要依靠思想工作体系，做好思想教育工作；依靠组织体系，完善组织机构，落实责任制、规章制度等；依靠产品形成过程的质量控制体系，做好施工过程的质量控制工作等。

③ 检查（check）。

检查就是对照计划，检查执行的情况和效果，及时发现计划执行过程中的偏差和问题。检查一般包括两个方面：一是检查是否严格执行了计划的行动方案，检查实际条件是否发生了变化，总结成功执行的经验，查明没按计划执行的原因；二是检查计划执行的结果，即施工质量是否达到标准的要求，并对此进行评价和确认。

④ 处理（act）。

处理是在检查的基础上，总结成功的经验，形成标准，在今后的工作中以此作为处理的依据，巩固成果；同时采取措施，纠正计划执行中的偏差，克服缺点，改正错误。对于暂时未能解决的问题，可记录在案留到下一次循环加以解决。

质量保证体系的运行就是按照 PDCA 循环运转，每运转一次，施工质量就提高一步。PDCA 循环具有大环套小环、互相衔接、互相促进、螺旋式上升，形成完整的循环和不断推进等特点。

2. 施工企业质量管理体系的建立和认证

管理体系是建立管理方针目标并实现这些目标的体系。施工企业质量管理体系是在质量方面指挥和控制企业的管理体系，即施工企业为实施质量管理而建立的管理体系。施工企业质量管理体系应按照现行标准《质量管理体系　基础和术语》（GB/T 19000—2016）建立和认证，为企业的工程承包经营和质量管理奠定基础。

（1）质量管理八项原则。

质量管理体系标准提出了质量管理的八项原则，其具体内容如下。

原则一：以顾客为关注焦点。组织（从事一定范围生产经营活动的企业）依存于顾客。因此，组织应当理解顾客当前和未来的需求，满足顾客要求并争取超越顾客期望。

原则二：领导作用。领导者负责建立组织统一的宗旨及方向，并应当创造并保持使员工能充分参与实现组织目标的内部环境。

原则三：全员参与。各级人员是组织之本，只有全员充分参与，才能为组织带来收益。

原则四：过程方法。将活动和相关资源作为过程进行管理，可以更高效地得到期望的结果。

原则五：管理的系统方法。将相互关联的过程作为系统加以识别、理解和管理，有助于组织提高实现目标的有效性和效率。

原则六：持续改进。持续改进整体业绩是组织的一个永恒的目标。

原则七：基于事实的决策方法。有效的决策应建立在数据和信息分析的基础上。

原则八：与供方互利的关系。组织与供方建立相互依存的、互利的关系可增强双方创造价值的能力。

（2）企业质量管理体系文件的构成。

质量管理体系标准明确要求，企业应有完整的和科学的质量体系文件，这是企业开展质量管理的基础，也是企业为达到所要求的产品质量，实施质量体系审核、认证，进行质量改进的重要依据。质量管理体系的文件主要由质量手册、程序文件、质量计划和质量记录等构成。

① 质量手册。

质量手册是阐明一个企业的质量政策、质量体系和质量实践的文件，是实施和保持质量体系过程中长期遵循的纲领性文件。质量手册的主要内容：企业的质量方针、质量目标；组织机构和质量职责；各项质量活动的基本控制程序或体系要素；质量评审、修改和控制管理办法。

② 程序文件。

程序文件是质量手册的支持性文件，也是企业落实质量管理工作而建立的各项管理标准、规章制度，以及企业各职能部门为贯彻落实质量手册要求而规定的实施细则。程序文件一般至少应包括文件控制程序、质量记录管理程序、不合格品控制程序、内部审核程序、预防措施控制程序、纠正措施控制程序等。

③ 质量计划。

质量计划是为了确保过程的有效运行和控制，在程序文件的指导下，针对特定的产品、过程、合同或项目而制订出的专门质量措施和活动顺序的文件。质量计划的内容：应达到的质量目标；该项目各阶段的责任和权限；应采用的特定程序、方法、作业指导书；有关阶段的实验、检验和审核大纲；随项目的进展而修改和完善质量计划的方法；为达到质量目标必须采取的其他措施。

④ 质量记录。

质量记录是产品质量水平和质量体系中各项质量活动进行及结果的客观反映，也是证明各阶段产品质量达到要求和质量体系运行有效的证据。

（3）施工企业质量管理体系的建立。

建立完善的质量体系并使之有效运行是企业质量管理的核心，也是贯彻质量管理和质量保证标准的关键。施工企业质量管理体系的建立一般可分为三个阶段，即质量管理体系的建立、质量管理体系文件的编制和质量管理体系的运行。

① 质量管理体系的建立。

质量管理体系的建立是企业根据质量管理八项原则，在确定市场及顾客需求的前提下，制订企业的质量方针、质量目标、质量手册、程序文件和质量记录等体系文件，并将质量目标分解落实到相关层次、相关岗位的职能和职责中，形成企业质量管理体系执行系统的一系列工作。

② 质量管理体系文件的编制。

质量管理体系文件是质量管理体系的重要组成部分，也是企业进行质量管理和质量保证的基础。编制体系文件是建立和保持体系有效运行的重要基础工作。质量体系文件包括质量手册、质量计划、质量体系程序、详细作业文件和质量记录等。

③ 质量管理体系的运行。

质量管理体系的运行即在生产及服务的全过程按质量管理文件体系规定的程序、标准、工作要求及岗位职责进行操作，在运行过程中监测其有效性，做好质量记录，并实现持续改进。

（4）企业质量管理体系的认证与监督管理。

① 质量管理体系的认证。

质量管理体系由公正的第三方认证机构，依据质量管理体系的要求标准，审核企业质量管理体系要求的符合性和实施的有效性，进行独立、客观、科学、公正的评价，得出结论。认证应按申请、审核、审批与注册发证等程序进行。

② 获准认证后的监督管理。

企业获准认证的有效期为三年。企业获准认证后，应经常性地进行内部审核，保持质量管理体系的有效性，并每年一次接受认证机构对企业质量管理体系实施的监督管理。获准认证后监督管理工作的主要内容有企业通报、监督检查、认证注销、认证暂停、认证撤销、复评及重新换证等。

6.3.3 质量管理制度

按质量管理八项原则中的过程方法要求，将各项活动和相关资源作为过程进行管理，建立质量过程检查、验收以及质量责任制等相关制度，对质量检查和验收标准作出规定，采取有效的纠正和预防措施，保障各工序和过程的质量。

现场管理制度包括质量责任制度、技术复核制度、现场会议制度、施工过程控制制度、现场质量检验制度、质量统计报表制度、质量事故报告和处理制度等。

1. 质量责任制度

人是工程施工的操作者、组织者和指挥者。人既是控制的动力，又是控制的对象；人是质量的创造者，也是不合格产品、失误和工程质量事故的制造者。因此，整个现场质量管理的过程中，应该以人为中心，建立质量责任制度，明确从事各项质量管理活动人员的职责和权限，并对工程项目所需的资源和人员资格作出规定。

（1）职责和权限。

明确规定工程项目领导和各级管理人员的质量责任；明确规定从事各项质量管理活动人员的责任和权限；规定各项工作之间的衔接、控制内容和控制措施等。

（2）人员资格。

项目经理、主要领导及专业管理人员应具备必需的专业技能和领导素质；根据项目规模，配备专职的、经过培训的质量检查员；施工管理人员、班组长、操作人员应具备相应的管理业务水平和技术操作能力；关键、特殊岗位人员必须持证上岗。

2. 技术复核制度

（1）建立严格的技术管理体系。

针对工程的特点，选派施工管理能力强、技术专业性高、施工经验丰富、工作责任心强的人员组成现场技术管理体系，主要解决施工过程中遇到的技术性问题，严格控制工程施工质量。施工技术人员在分项工程施工前，按照施工方案向施工班组进行详细的技术交底并精心组织施工，以此来保证工程的顺利进行。

（2）施工过程技术控制。

① 施工前，认真组织各专业技术人员，熟悉施工图纸和进行专业技术图纸会审，进行设计交底、施工技术交底。分部分项工程施工中，每进行一道工序，经检查验收不合格的不准进行下一道工序，对操作人员先进行技术交底，用简单明确的文字写成施工任务单，发给各操作人员后再施工。

② 必须严格遵守技术复核制度，对建筑物的方位、标高、高度、轴线、图纸尺寸、误差等作复核记录，经复核无误后再进行资料存档管理。

③ 认真做好每项技术复核和隐蔽工程验收工作，实行混凝土浇筑令签证制度，没有工程技术负责人、监理和有关工长、质检员签字，不准进入下一道工序。隐蔽工程施

工时，质量检查人员、专业技术负责人和专职质量检查员必须共同进行监督，确保工程顺利进行。

④ 专门负责设备安装技术工作的人员，要求在现场办公，及时处理问题，实行层层负责、层层交底制度，对施工工艺和特殊施工技术的要求和注意事项，须向各班组交代清楚。对涉及修改、质量问题，必须征得建设（监理）单位、设计单位的同意，针对此问题制订可靠的技术措施。

（3）现场会议制度。

施工现场必须建立、健全和完善质量管理的现场会议制度，及时分析、通报工程质量状况，并协调有关单位的业务活动，通过现场会议制度实现建设（监理）单位和施工单位现场质量管理部门之间以及施工现场各个专业施工队之间的合理沟通，确保各项管理指令传达畅通，最终使施工的各个环节在相应管理层次的监督下有序进行。现场会议制度能够使建设项目的各方主体及时沟通，使施工在受控状态下进行，最终让各个相关方满意。

（4）施工过程控制制度。

① 工程实物质量的形成过程是一个系统的过程，所以施工阶段的质量控制也是一个由对投入原材料的质量控制开始，直到工程完成、竣工验收为止的全过程的系统控制过程。

② 质量控制的范围包括对参与施工的人员的质量控制，对工程使用的原材料、构配件和半成品的质量控制，对施工机械设备的质量控制，对施工建筑施工现场质量管理的内容方法和方案的质量控制，对生产技术、劳动环境、管理环境的质量控制等。

③ 施工全过程质量控制的原则包含了对工程质量问题"预防为主"的原则，即事先分析在施工中可能产生的质量问题，提出相应的对策和措施，将各种隐患消除在产生之前或萌芽状态。

（5）现场质量检验制度。

工程项目的质量是指工程建设过程中形成的工程项目应满足用户从事生产、生活所需的功能和使用价值，应符合设计要求和合同规定的质量标准。为了确保工程项目的质量就要采取一系列的质量监控措施、手段和方法对工程实体的施工质量进行监控，而通过在施工现场建立并实施严格的质量检验制度能够有效保证工程项目达到规定的质量标准。

（6）质量统计报表制度。

① 质量统计报表制度是指对已完成的检验批、分项工程、分部工程的质量评定情况进行统计分析，以施工过程中的监测、测量数据和验收评定结果为依据，通过应用适当的统计方法，对现场的质量情况作出科学的分析，进而为现场质量管理的有效性、产品的符合性以及施工过程的特性和趋势进行揭示，为制订预防措施提供依据，最终实现现场质量管理的持续改进。

② 严格贯彻实行计量管理各项规章制度。加强施工现场和计量管理工作，督促现场专职计量人员做好计量器具的使用和保管工作。对混凝土、砂浆、灰土等准确计量，以确保工程质量。

（7）质量事故报告和处理制度。

① 工程建设过程中，由于设计失误，原材料、半成品、构配件、设备不合格，施工工艺、施工方法错误，施工组织、指挥不当等责任过失等造成工程质量不符合规定的质量标准和设计要求，或造成工程倒塌、报废或其他重大经济损失的事故，都是工程质量事故。

② 建立和执行质量事故报告和处理制度是指在质量事故发生后由有关人员进行质量事故的识别和评审，分析产生质量事故的原因，并制订处理质量事故的措施，经相应责任部门审核批准后进行处理，并经相关部门复核验收。

6.3.4 质量保障措施

应采取各种有效措施，确保项目质量目标的实现。这些措施包含但不局限于：原材料、构配件、机具的要求和检验，主要的施工工艺、主要的质量标准和检验方法，夏期、冬期和雨期施工的技术措施，关键过程、特殊过程、重点工序的质量保证措施，成品、半成品的保护措施，工作场所环境以及劳动力和资金保障措施等。

6.4 安全管理计划

安全管理计划可参照现行国家标准《职业健康安全管理体系 要求及使用指南》（GB/T 45001—2020），在施工单位安全管理体系的框架内编制。

安全管理内容
（规范）

安全管理计划应包括下列内容：确定项目重要危险源，制订项目职业健康安全管理目标；建立有管理层次的项目安全管理组织机构并明确其职责；根据项目特点，进行职业健康安全方面的资源配置；建立具有针对性的安全生产管理制度和职工安全教育培训制度；针对项目重要危险源，制订相应的安全技术措施；对达到一定规模的危险性较大的分部（分项）工程和特殊工种的作业应制订专项安全技术措施的编制计划；根据季节、气候的变化制订相应的季节性安全施工措施；建立现场安全检查制度，并对安全事故的处理作出相应规定。

建筑施工安全事故（危害）通常分为七大类：高处坠落、机械伤害、物体打击、坍塌倒塌、火灾爆炸、触电、窒息中毒。安全管理计划应针对项目具体情况，建立安全管理组织，制订相应的管理目标、管理制度、管理控制措施和应急预案等。

安全生产管理是系统性、综合性的管理活动，其管理的内容涉及建筑生产的各个环节。因此，建筑施工企业在安全管理中必须坚持"安全第一，预防为主，综合治理"的安全方针，并制订安全政策、计划和措施，完善安全生产组织管理体系和检查体系，加强施工安全管理。

现场安全管理应符合国家和地方政府部门的要求。

6.4.1　安全管理目标

目前大多数施工单位基于现行国家标准《职业健康安全管理体系要求及使用指南》（GB/T 45001—2020）通过了职业健康安全管理体系的认证，建立了企业内部的安全管理体系。安全管理计划应在企业安全管理体系的框架内，针对项目的实际情况编制。

安全管理措施
（施工组织设计）

（1）建筑施工企业应依据企业的总体发展目标，制订企业安全生产年度及中长期管理目标。

（2）安全管理目标应包括安全生产事故控制指标、安全生产隐患治理目标，以及安全生产、文明施工管理目标等，安全管理目标应量化。

（3）安全管理目标应分解到各管理层及相关职能部门，并定期进行考核。企业各管理层和相关职能部门应根据企业安全管理目标的要求制订自身管理目标和措施，共同保证目标实现。

安全管理目标包括生产安全事故控制目标、安全生产及文明施工管理目标。

6.4.2　安全生产管理制度体系

建设工程规模大、周期长、参与单位多、技术复杂且环境复杂多变，导致建设工程安全生产的管理难度很大。因此，依据现行的法律法规，通过建立各项安全生产管理制度体系来规范建设工程各参与方的安全生产行为，提高建设工程安全生产管理水平，防止和避免安全事故的发生是非常重要的。

1. 施工安全管理制度体系建立的重要性

（1）依法建立施工安全管理制度体系，能使劳动者获得安全与健康，是体现社会经济发展和社会公正、安全、文明的基本标志。

（2）建立施工安全管理制度体系，可以改善企业安全生产规章制度不健全、管理方法不适当、安全生产状况不佳的现状。

（3）施工安全管理制度体系对企业环境的安全卫生状态作了具体的要求和限定，从根本上促使施工企业健全安全卫生管理机制，改善劳动者的安全卫生条件，提升管理水平，增强企业参与国内外市场的竞争能力。

（4）推行施工安全管理制度体系建设是适应国内外市场经济一体化趋势的需要。

2. 施工安全生产管理制度体系建立的原则

（1）应贯彻"安全第一，预防为主"的方针，施工企业必须建立健全安全生产责任制和群防群治制度，确保工程施工劳动者的人身和财产安全。

（2）施工安全管理制度体系的建立，必须适用于工程施工全过程的安全管理和控制。

（3）施工安全管理制度体系必须符合《中华人民共和国建筑法》《中华人民共和国安全生产法》《建设工程安全生产管理条例》《安全生产许可证条例》《生产安全事故报告和调查处理条例》《特种设备安全监察条例》《职业安全健康管理体系》《职业安全卫生管理体系》等法律、行政法规及规程的要求。

（4）项目经理部应根据本企业的安全生产管理制度体系，结合各项目的实际情况加以充实，确保工程项目的施工安全。

（5）企业应加强对施工项目安全生产管理，指导、帮助项目经理部建立和实施安全生产管理制度体系。

3. 施工安全生产管理制度体系的主要内容

《中华人民共和国建筑法》《中华人民共和国安全生产法》《建设工程安全生产管理条例》《生产安全事故报告和调查处理条例》《特种设备安全监察条例》《安全生产许可证条例》等建设工程相关法律法规对政府主管部门、相关企业及相关人员的建设工程安全生产和管理行为进行了全面的规范，为建设工程施工安全生产管理制度体系的建立奠定了基础。现阶段涉及施工企业的主要安全生产管理制度如下。

（1）安全生产责任制度。

安全生产责任制是基本的安全管理制度，是所有安全生产管理制度的核心。安全生产责任制是按照安全生产管理方针和"管生产的同时必须管安全"的原则，将各级负责人、各职能部门及工作人员和各岗位生产工人在安全生产方面应负的责任加以明确规定的一种制度。安全生产责任制度的主要内容如下。

① 明确企业和项目相关人员的安全职责，包括企业法定代表人和主要负责人，企业安全管理机构负责人和安全生产管理人员，施工项目负责人，技术负责人，项目专职安全生产管理人员以及班组长、施工员、安全员等项目各类人员的安全责任。

② 对各级、各部门安全生产责任制的执行情况制订检查和考核办法，并按规定期限进行考核，对考核结果及兑现情况应有记录。

③ 明确总分包的安全生产责任。实行总承包的由总承包单位负责，分包单位向总承包单位负责，服从总承包单位对施工现场的安全管理，分包单位在其分包范围内建立施工现场安全生产管理制度，并组织实施。

④ 项目的主要工种应有相应的安全技术操作规程，一般应包括砌筑、抹灰、混凝土、木作、钢筋、机械、电气焊、起重、信号指挥、塔式起重机司机、架子工、水暖工、油漆工等工种，特殊作业应另行补充，并应将安全技术操作规程列为日常安全活动和安全教育的主要内容，且应悬挂在操作岗位前。

⑤ 施工现场应按工程项目大小配备专（兼）职安全人员。

总之，安全生产责任制纵向方面是各级人员的安全生产责任制，即从最高管理者、管理者代表到项目负责人（项目经理）、技术负责人（工程师）、专职安全生产管理人员、施工员、班组长和岗位人员等各级人员的安全生产责任制；横向方面是各个部门的安全生产责任制，即各职能部门（如安全环保、设备、技术、生产、财务等部门）的安全生产责任制。只有这样，才能建立健全安全生产责任制，做到群防群治。

（2）安全生产许可证制度。

《安全生产许可证条例》规定国家对建筑施工企业实施安全生产许可证制度，其目的是严格规范安全生产条件，进一步加强安全生产监督管理，防止和减少生产安全事故。

国务院建设主管部门负责中央管理的建筑施工企业安全生产许可证的颁发和管理；其他企业由省、自治区、直辖市人民政府建设主管部门进行颁发和管理，并接受国务院建设主管部门的指导和监督。

施工企业进行生产前，应当依照《安全生产许可证条例》的规定向安全生产许可证颁发管理机关申请领取安全生产许可证。严禁未取得安全生产许可证的建筑施工企业从事建筑施工活动。

安全生产许可证的有效期为3年。安全生产许可证有效期满需要延期的，企业应当于期满前3个月向原安全生产许可证颁发管理机关办理延期手续。

企业在安全生产许可证有效期内，严格遵守有关安全生产的法律法规，未发生死亡事故的，安全生产许可证有效期届满时，经原安全生产许可证颁发管理机关同意，不再审查，安全生产许可证有效期延期3年。

企业不得转让、冒用安全生产许可证或者使用伪造的安全生产许可证。

（3）政府安全生产监督检查制度。

政府安全生产监督检查制度是指国家法律、法规授权的行政部门，代表政府对企业的安全生产过程实施监督管理。依据《建设工程安全生产管理条例》第五章"监督管理"对建设工程安全监督管理的规定内容如下。

①国务院负责安全生产监督管理的部门依照《中华人民共和国安全生产法》的规定，对全国建设工程安全生产工作实施综合监督管理。

②县级以上地方人民政府负责安全生产监督管理的部门依照《中华人民共和国安全生产法》的规定，对本行政区域内建设工程安全生产工作实施综合监督管理。

③国务院建设行政主管部门对全国的建设工程安全生产实施监督管理。国务院铁路、交通、水利等有关部门按照国务院规定的职责分工，负责有关专业建设工程安全生产的监督管理。

④县级以上地方人民政府建设行政主管部门对本行政区域内的建设工程安全生产实施监督管理。县级以上地方人民政府交通、水利等有关部门在各自的职责范围内，负责本行政区域内的专业建设工程安全生产的监督管理。

⑤县级以上人民政府负有建设工程安全生产监督管理职责的部门在各自的职责范围内履行安全监督检查职责时，有权采取下列措施：a. 要求被检查单位提供有关建设工程安全生产的文件和资料；b. 进入被检查单位施工现场进行检查；c. 纠正施工中违反安全生产要求的行为；d. 对检查中发现的安全事故隐患，责令立即排除；重大安全事故隐患排除前或者排除过程中无法保证安全的，责令从危险区域内撤出作业人员或者暂时停止施工。

⑥建设行政主管部门或者其他有关部门可以将施工现场的监督检查委托给建设工程安全监督机构具体实施。

（4）安全生产教育培训制度。

施工企业安全生产教育培训一般包括对管理人员、特种作业人员和企业员工的安全教育。

① 管理人员的安全教育。

a. 企业领导的安全教育。主要内容包括国家有关安全生产的方针、政策、法律、法规及有关规章制度；安全生产管理职责、企业安全生产管理知识及安全文化；有关事故案例及事故应急处理措施等。

b. 项目经理、技术负责人和技术干部的安全教育。主要内容包括安全生产方针、政策和法律、法规；项目经理部安全生产责任；典型事故案例剖析；系统安全及其相应的安全技术知识等。

c. 行政管理干部的安全教育。主要内容包括安全生产方针、政策和法律、法规；基本的安全技术知识；本职的安全生产责任等。

d. 企业安全管理人员的安全教育。主要内容包括国家有关安全生产的方针、政策、法律、法规和安全生产标准；企业安全生产管理、安全技术、职业病知识，安全文件；员工伤亡事故和职业病统计报告及调查处理程序；有关事故案例及事故应急处理措施等。

e. 班组长和安全员的安全教育。主要内容包括安全生产法律、法规，安全技术及技能，职业病和安全文化的知识；企业、班组和工作岗位的危险因素，安全注意事项，岗位安全生产职责；事故抢救与应急处理措施；典型事故案例等。

② 特种作业人员的安全教育。

特种作业是指对操作者本人，尤其对他人或周围设施的安全有重大危害因素的作业。直接从事特种作业的人，称为特种作业人员。《特种作业人员安全技术培训考核管理规定》已于 2010 年 4 月 26 日国家安全生产监督总局局长办公会议审议通过，自 2010 年 7 月 1 日起施行。调整后的特种作业范围共 11 个作业类别、51 个工种，这些特种作业具备以下特点：一是独立性，必须有独立的岗位，由专人操作的作业，操作人员必须具备一定的安全生产知识和技能；二是危险性，必须是危险性较大的作业，如果操作不当，容易对操作者本人、他人或物造成伤害，甚至发生重大伤亡事故；三是特殊性，从事特种作业的人员不能很多，总体上讲，每个类别的特种作业人员一般不超过该行业或领域全体从业人员的 30%。

特种作业较一般作业的危险性更大，所以，特种作业人员必须经过安全培训和严格考核。对特种作业人员的安全教育应注意以下三点。

a. 特种作业人员上岗作业前，必须进行专门的安全技术和操作技能的培训教育，培训教育要坚持理论教学与操作技术训练相结合的原则，重点放在提高其安全操作技术和预防事故的实际能力上。

b. 培训后，经考核合格方可取得操作证，并准许独立作业。

c. 取得操作证的特种作业人员，必须定期进行复审。特种作业操作证每 3 年复审 1 次。

特种作业人员在特种作业操作证有效期内，连续从事本工种 10 年以上，严格遵守有关安全生产法律法规的，经原考核发证机关或者从业所在地考核发证机关同意，特种作业操作证的复审时间可以延长至每 6 年 1 次。

③ 企业员工的安全教育。

企业员工的安全教育主要有新员工上岗前的三级安全教育、改变工艺和变换岗位安全教育、经常性安全教育三种形式。

a. 新员工上岗前的三级安全教育。"三级"通常是指进厂、进车间、进班组三级，对建设工程来说，具体指企业（公司）、项目（或工区、工程处、施工队）、班组三级。

企业新员工上岗前必须进行三级安全教育，且须按规定通过三级安全教育和实际操作训练，并经考核合格后方可上岗。

b. 改变工艺和变换岗位时的安全教育。企业（或工程项目）在实施新工艺、新技术或使用新设备、新材料时，必须对有关人员进行相应级别的安全教育，要按新的安全操作规程教育和培训参加操作的岗位员工和有关人员，使其了解新工艺、新设备、新产品的安全性能及安全技术，以适应新的岗位作业的安全要求。

当组织内部员工发生从一个岗位调到另一个岗位，或从某工种改变为另一工种，或离岗一年以上重新上岗的情况，企业必须进行相应的安全技术培训和教育，以使其掌握现岗位安全生产特点和要求。

c. 经常性安全教育。

安全教育必须坚持不懈、经常进行，这就是经常性安全教育。在经常性安全教育中，安全思想、安全态度教育十分重要。进行安全思想、安全态度教育，要采取多种多样形式的安全教育活动，激发员工做好安全生产的热情，促使员工重视和真正实现安全生产。经常性安全教育的形式有每天的班前班后会上说明安全注意事项，安全活动日，安全生产会议，事故现场会，张贴安全生产招贴画、宣传标语及标志等。

（5）安全措施计划制度。

安全措施计划制度是指企业进行生产活动时，必须编制安全措施计划，它是企业有计划地改善劳动条件和安全卫生设施，防止工伤事故和职业病的重要措施之一，对企业加强劳动保护，改善劳动条件，保障职工的安全和健康，促进企业生产经营的发展都起着积极作用。安全技术措施计划的范围应包括改善劳动条件、防止事故发生、预防职业病和职业中毒等内容，具体如下。

① 安全技术措施。

安全技术措施是预防企业员工在工作时发生工伤事故的各项措施，包括防护装置、保险装置、信号装置和防爆炸装置等。

② 职业卫生措施。

职业卫生措施是预防职业病和改善职业卫生环境的必要措施，其中包括防尘、防毒、防噪声、通风、照明、取暖、降温等措施。

③ 辅助用房间及设施。

辅助用房间及设施是为了保证生产过程中的安全卫生所必需的房间及一切设施，包括更衣室、休息室、淋浴室、消毒室、妇女卫生室、厕所和冬期作业取暖室等。

④ 安全宣传教育措施。

安全宣传教育措施是为了宣传普及有关安全生产法律、法规、基本知识所需要的措施，其主要内容包括：安全生产教材、图书、资料，安全生产展览，安全生产规章制度，安全操作方法训练设施，劳动保护和安全技术的研究与实验等。

安全技术措施计划编制可以按照"工作活动分类→危险源识别→风险确定→风险评价→制订安全技术措施计划评价→安全技术措施计划的充分性"的步骤进行。

（6）特种作业人员持证上岗制度。

《建设工程安全生产管理条例》第二十五条规定：垂直运输机械作业人员、安装拆卸工、爆破作业人员、起重信号工、登高架设作业人员等特种作业人员，必须按照国家有关规定经过专门的安全作业培训，并取得特种作业操作资格证书后，方可上岗作业。

（7）专项施工方案专家论证制度。

《建设工程安全生产管理条例》第二十六条规定：施工单位应当在施工组织设计中编制安全技术措施和施工现场临时用电方案，对下列达到一定规模的危险性较大的分部分项工程编制专项施工方案，并附具安全验算结果，经施工单位技术负责人、总监理工程师签字后实施，由专职安全生产管理人员进行现场监督，包括基坑支护与降水工程，土方开挖工程，模板工程，起重吊装工程，脚手架工程，拆除、爆破工程，国务院建设行政主管部门或者其他有关部门规定的其他危险性较大的工程。对前款所列工程中涉及深基坑、地下暗挖工程、高大模板工程的专项施工方案，施工单位还应当组织专家进行论证、审查。

（8）严重危及施工安全的工艺、设备、材料淘汰制度。

严重危及施工安全的工艺、设备、材料是指不符合生产安全要求，极有可能导致生产安全事故发生，致使人民生命和财产遭受重大损失的工艺、设备和材料。

《建设工程安全生产管理条例》第四十五条规定：国家对严重危及施工安全的工艺、设备、材料实行淘汰制度。具体目录由国务院建设行政主管部门会同国务院其他有关部门制订并公布。

淘汰制度的实施，一方面有利于保障安全生产；另一方面也体现了优胜劣汰的市场经济规律，有利于提高施工单位的工艺水平，促进设备更新。

（9）施工起重机械使用登记制度

《建设工程安全生产管理条例）第三十五条规定：施工单位应当自施工起重机械和整体提升脚手架、模板等自升式架设设施验收合格之日起 30 日内，向建设行政主管部门或者其他有关部门登记，登记标志应当置于或者附着于该设备的显著位置。

这是对施工起重机械的使用进行监督和管理的一项重要制度，能够有效防止不合格机械和设施投入使用；同时，还有利于监管部门及时掌握施工起重机械和整体提升脚手架、模板等自升式架设设施的使用情况，以利于监督管理。

进行登记应当提交施工起重机械有关资料，具体包括以下两种。

① 生产方面的资料，如设计文件、制造质量证明书、监督检验证书、使用说明书、安装证明等。

② 使用情况的资料，如施工单位对于这些机械和设施的管理制度和措施、使用情况、作业人员的情况等。

监管部门应当对登记的施工起重机械建立相关档案，及时更新，加强监管，减少生产安全事故的发生。施工单位应当将标志置于显著位置，便于使用者监督，保证施工起重机械的安全使用。

（10）安全检查制度。

① 安全检查的目的。安全检查制度是清除隐患、防止事故、改善劳动条件的重要手段，是企业安全生产管理工作的一项重要内容。通过安全检查企业可以发现生产过程中的危险因素，以便有计划地采取措施，保证安全生产。

② 安全检查的方式。检查方式有企业组织的定期安全检查，各级管理人员的日常巡回安全检查，专业性安全检查，季节性安全检查，节假日前后的安全检查，班组自检、互检、交接检查，不定期安全检查等。

③ 安全检查的内容。安全检查的内容包括查思想、查制度、查管理、查隐患、查整改、查伤亡事故处理等。安全检查的重点是检查"三违"（违章指挥、违规作业、违反劳动纪律）和安全责任制的落实。检查后应编写安全检查报告，报告应包括已达标项目、未达标项目、存在问题、原因分析、纠正和预防措施等内容。

④ 安全隐患的处理程序。对查出的安全隐患，不能立即整改的，要制订整改计划，定人、定措施、定经费、定完成日期；在未消除安全隐患前，必须采取可靠的防范措施，如有危及人身安全的紧急险情，应立即停工，并应按照"登记→整改→复查→销案"的程序处理安全隐患。

（11）生产安全事故报告和调查处理制度。

关于生产安全事故报告和调查处理制度，《中华人民共和国安全生产法》《中华人民共和国建筑法》《建设工程安全生产管理条例》《生产安全事故报告和调查处理条例》《特种设备安全监察条例》等法律法规都对此作出了相应规定。

《中华人民共和国安全生产法》第八十三条规定：生产经营单位发生生产安全事故后，事故现场有关人员应当立即报告本单位负责人。单位负责人接到事故报告后，应当迅速采取有效措施，组织抢救，防止事故扩大，减少人员伤亡和财产损失，并按照国家有关规定立即如实报告当地负有安全生产监督管理职责的部门，不得隐瞒不报、谎报或者迟报，不得故意破坏事故现场、毁灭有关证据。

《中华人民共和国建筑法》第五十一条规定：施工中发生事故时，建筑施工企业应当采取紧急措施减少人员伤亡和事故损失，并按照国家有关规定及时向有关部门报告。

《建设工程安全生产管理条例》第五十条规定：施工单位发生生产安全事故，应当按照国家有关伤亡事故报告和调查处理的规定，及时、如实地向负责安全生产监督管理的部门、建设行政主管部门或者其他有关部门报告；特种设备发生事故的，还应当同时向特种设备安全监督管理部门报告。接到报告的部门应当按照国家有关规定，如实上报。

该规定是对发生伤亡事故时的报告义务的规定。一旦发生安全事故，及时报告有关部门是及时组织抢救的基础，也是认真进行调查、分清责任的基础。因此，施工单位在发生安全事故时，不能隐瞒事故情况。

（12）"三同时"制度。

"三同时"制度是指凡是我国境内新建、改建、扩建的基本建设项目（工程）、技术改建项目（工程）和引进的建设项目，其安全生产设施必须符合国家规定的标准，必须与主体工程同时设计、同时施工、同时投入生产和使用。安全生产设施主要是指安全技术方面的设施、职业卫生方面的设施、生产辅助性设施。

《中华人民共和国安全生产法》（2021修订版）规定"生产经营单位新建、改建、扩建工程项目（以下统称建设项目）的安全设施，必须与主体工程同时设计、同时施工、同时投入生产和使用。安全设施投资应当纳入建设项目概算。"

新建、改建、扩建工程的初步设计要经过行业主管部门、安全生产管理部门、卫生部门和工会的审查，同意后方可进行施工；工程项目完成后，必须经过主管部门、安全生产管理行政部门、卫生部门和工会的竣工检验；建设工程项目投产后，不得将安全设施闲置不用，生产设施必须和安全设施同时使用。

（13）安全预评价制度。

安全预评价是在建设工程项目前期，应用安全评价的原理和方法对工程项目的危险性、危害性进行预测性评价。

开展安全预评价工作，是贯彻落实"安全第一，预防为主"方针的重要手段，是企业实施科学化、规范化安全管理的工作基础。科学、系统地开展安全评价工作，不仅直接起到了消除危险有害因素、减少事故发生的作用，而且有利于全面提高企业的安全管理水平，有利于系统地、有针对性地加强对不安全状况的治理、改造，最大限度地降低安全生产风险。

（14）工伤和意外伤害保险制度。

根据2010年12月修订后重新公布的《工伤保险条例》规定，工伤保险是属于法定的强制性保险。工伤保险费的征缴按照《社会保险费征缴暂行条例》中关于基本养老保险费、基本医疗保险费、失业保险费的征缴规定执行。

《中华人民共和国建筑法》第四十八条规定：建筑施工企业应当依法为职工参加工伤保险缴纳工伤保险费。鼓励企业为从事危险作业的职工办理意外伤害保险，支付保险费。

6.4.3 施工安全技术措施

施工安全技术措施是施工组织设计的重要组成部分，应在开工前编制，经过上级部门审批，并应有充分的时间做准备，保证各种安全措施的落实。在施工过程中，如发生工程变更，安全技术措施也应及时相应补充完整并通过审批。

施工安全技术措施是在施工项目生产活动中，根据工程特点、规模、结构复杂程度、工期、施工现场环境、劳动组织、施工方法、施工机械设备、变配电设施、架设工具以及各项安全防护措施等，针对施工中存在的不安全因素进行预测和分析，找出危险点，为消除和控制危险隐患，从技术和管理上采取措施加以防范，消除不安全因素，防止事故发生，确保项目安全施工。

施工安全技术措施主要包括以下几个方面。

1. 进入施工现场的安全规定

（1）职工上岗前必须认真学习工种安全技术操作规程，未经安全知识教育并考核合格，不得进入施工现场操作。

（2）进入施工现场，必须戴好安全帽，扣好帽带。

（3）在没有防护设施的 2m 以上高处、悬崖、陡坡施工作业必须系好安全带。

（4）施工现场禁止穿拖鞋、高跟鞋及其他易滑带钉的鞋和赤脚赤膊操作。

（5）严禁带小孩及其他闲杂人员进入现场。

（6）严禁酒后操作，操作中应坚守工作岗位。

（7）施工现场脚手架、防护设施、安全标志、警告牌、脚手架连接铅丝或连接件不得擅自拆除，需要拆除必须经施工负责人同意。

（8）脚手板两端间要扎牢，防止空头板（竹脚手片应四点绑扎）。

（9）严禁钢竹脚手架混搭。

（10）任何人不准往下或向上抛材料和工具等物件；操作中思想要集中，不准开玩笑，做私活。

（11）任何人禁止爬脚手架等，施工人员上下要通过楼梯、施工斜道等。

（12）从事高处作业的人员，必须身体健康并要定期体检；严禁患有高血压、贫血症、心脏病、精神病、深度近视等的人从事高处作业。

（13）高处作业的人员不要用力过猛，防止失去平衡而坠落；在平台等处拆木模，撬棒要朝里，不要向外；在平台、屋檐口操作时，面部要朝外。

（14）工具物件用完后随手装入工具袋或放稳固；脚手架上霜、雪、垃圾等要及时清扫。

（15）建筑材料和构件堆放要整齐稳妥，不要过高；脚手架上堆放标准砖不得超过单行侧放三侧高。

2. 深基坑作业安全技术措施

（1）基础施工时，根据现场情况在基础的四面设置通长防护栏杆，外挂密目安全网，且用警示牌示警，夜间设红色标志灯。

（2）基坑内要搭设上下通道，通道两侧必须搭设防护栏杆，坡道面上应铺设防滑条。

（3）基坑上口规定的范围内不得堆放重物及行车，坑内作业要经常注意边坡是否有裂缝滑坡现象。

（4）开挖基坑，根据设计文件或施工规范放坡、分层开挖。

（5）对支护结构进行必要的监测，并将监测结果定期通报有关单位。

（6）坑内坑外有联系的作业，必须设指挥人员，规定专用信号，严格按指挥信号进行作业。

（7）进坑的动力设备及照明电线应使用电缆，按设计要求布线。

3. 高处及立体交叉作业施工安全技术措施

（1）施工前，应逐级进行安全技术教育及交底，落实所有安全技术措施和人身防护用品，未经落实不得进行施工。

（2）高处作业中的安全标志、工具、仪表、电气设施和各种设备，必须在施工前加以检查，确认其完好，方能投入使用。

（3）攀登和悬空高处作业人员以及搭设高处作业安全设施的人员，必须经过专业技术培训及专业考试合格，持证上岗，并必须定期进行体检。

（4）建筑物出入口处、机械设备上方等搭设安全防护棚，在楼梯口、电梯口、预留洞口设置围栏、盖板、架网等。

（5）立体交叉作业时，不得在同一垂直方向上操作，下层作业的位置，必须处于依上层高度确定的可能坠落范围半径之外，不符合以上条件时，应设置安全防护层。

（6）支模应按规定的作业程序进行，模板未固定前不得进行下一道工序。严禁在连接件和支撑件上攀登，并严禁在上下同一垂直面上装、拆模板。

（7）拆除模板、脚手架时，下方不得有其他操作人员，拆除后，临时堆放处高楼层边沿应不小于1m，其堆放高度不能超过1m。任何拆卸下来的物品，都不许堆放在楼层口、通道口、脚手架边缘等处。

（8）脚手架应经安全部门验收合格后方可使用，脚手架上的工具、材料要分散放稳，不得超过允许荷载，外脚手架每层铺满脚手板，使脚手架与结构之间不留空隙，外侧用密目安全网封闭。

（9）吊装作业由专人统一指挥，吊装时设警戒线，吊车起吊时大臂作业范用内严禁站人，起重机械严禁带"病"作业，严禁非工作人员进入施工区。

（10）施工洞口、临边防护要严格按规程或方案要求进行防护。

（11）做好防高处坠落、物体打击、防触电、防机械伤害的各项安全防护工作。

（12）施工人员要佩戴齐全安全带、工具包、防滑鞋、防滑手套等高空作业安全防护用品，高处作业的材料要堆放稳妥，工具随手放入工具包，严禁乱堆放和在高处抛掷材料、工具、物件。

（13）雨天和雪天进行高处作业时，必须采取可靠的防滑、防寒和防冻措施。凡水、冰、霜、雪均应及时清除。对进行高处作业的高耸建筑物，应事先设置避雷设施。遇有六级以上强风、浓雾等恶劣天气，不得进行露天攀登与悬空高处作业。暴风雪及台风暴雨后，应对高处作业安全设施逐一检查，发现有松动、变形、损坏或脱落等现象，应马上修理完善。

结构复杂的模板，装、拆应严格按照施工组织设计的措施进行。

4. 施工用电安全措施

（1）临时用电应由项目工程师单独编制施工组织设计，定期对临时用电工程进行检测，必须由持证电工进行操作。

（2）施工现场配电应遵照《施工现场临时用电安全技术规范》（JGJ 46—2016）的规定进行布置。

（3）每个电气设备必须做到"一机一闸一漏一箱"的要求，线路标志要分明，线头引出要整洁，各电箱要有门有锁，防雨防潮，采用的电气设备应符合现行国家标准的规定，并应有合格证件，设备应有铭牌，使用中的电气设备应保持良好的工作状态。

（4）配电室必须做到"四防和一通"的要求，确保防火、防潮湿、防水、防动物和保持通风良好，室内应备有绝缘设备，还应备有匹配的电气灭火消防器材、应急照明等安全用具。

（5）建立临时用电施工组织设计和安全用电技术措施的编制、审批制度，并建立相应的技术档案。

（6）建立技术交底制度和专业电工、各类用电人员介绍临时用电施工组织设计和安全用电技术措施的总体意图、技术内容和注意事项，并应在技术交底文字资料上履行交底人和被交底人的签字手续，注明交底日期。

5. 机械设备的安全使用措施

必须使用完好、安全设施齐全、符合施工现场要求的机械设备，机械设备在使用时不得保养、维修。出现故障时，应及时停机维修，严禁机械设备带"病"运行。

（1）施工起重机械使用安全措施。

塔式起重机、施工电梯、物料提升机等施工起重机械（也称垂直运输设备）的操作（也称为司机）、指挥、司索等作业人员属特种作业，必须按国家有关规定经专门的安全作业培训，取得特种作业操作资格证书，方可上岗作业。施工起重机械必须由有相应的制造（生产）许可证的企业生产，并有出厂合格证，其安装、拆除、加高及附墙施工作业，必须由有相应作业资格的队伍作业，作业人员必须按国家有关规定经专门安全作业培训，取得特种作业操作资格证书，方可上岗作业。其他非专业人员不得上岗作业。安装、拆卸、加高及附墙施工作业前，必须有经审批、审查的施工方案，并进行方案及安全技术交底。

（2）起重吊装作业安全措施。

起重吊装是指建筑工程中，采用相应的机械设备和设施来完成结构吊装和设施安装。其作业属于危险作业，作业环境复杂，技术难度大。

① 作业前应根据作业特点编制专项施工方案，并对参加作业人员进行方案和安全技术交底。

② 作业时周边应置警戒区域，设置醒目的警示标志，防止无关人员进入；特别危险处应设监管人员。

③ 起重吊装作业大多数作业点都必须由专业技术人员作业；属于特种作业的人员必须按国家有关规定经专门安全作业培训，取得特种作业操作资格证书，方可上岗作业。

④ 作业人员应根据现场作业条件选择安全的位置作业。卷扬机与地滑轮穿越钢丝绳的区域，禁止人员站立和通行。

⑤ 吊装过程必须设有专人指挥，其他人员必须服从指挥。起重指挥不能兼作其他工种，并应确保起重司机能清晰准确地听到指挥信号。

⑥ 作业过程必须遵守起重机"十不吊"原则。

⑦ 被吊物的捆绑要求，按塔式起重机中被吊物捆绑作业要求。

⑧ 构件存放场地应该平整坚实。构件叠放用方木垫平，必须稳固，不准超高（一般不宜超过 1.6m）。构件存放除设置垫木外，必要时要设置相应的支撑，提高其稳定性。禁止无关人员在堆放的构件中穿行，防止发生构件倒塌压人事故。

⑨ 在露天有六级及以上大风或大雨、大雪、大雾等天气时，应停止起重吊装作业。

⑩ 起重机作业时，起重臂和吊物下方严禁有人停留、工作或通过。重物吊运时，严禁人从上方通过。严禁用起重机载运人员。

（3）中小型施工机械使用安全措施。

施工机械的使用必须按"定人、定机"制度执行。操作人员必须经培训合格，方可上岗作业，其他人员不得擅自使用。机械使用前，必须对机械设备各部位进行检查，确认完好无损；并空载试运行，符合安全技术要求方可使用。施工现场机械设备必须按其控制的要求，配备符合规定的控制设备，严禁使用倒顺开关。在使用机械设备时，必须严格按安全操作规程，严禁违章作业；发现有故障，或者有异常响动，或者温度异常升高，都必须立即停机；经过专业人员维修，并检验合格后，方可重新投入使用。操作人员应按"调整、紧固、润滑、清洁、防腐"十字作业的要求，对机械设备进行保养。操作人员在作业时，不得擅自离开工作岗位。下班时，应先将机械停止运行，然后断开电源，锁好电箱后，方可离开。

6. 预防因自然灾害造成事故的措施

建筑施工大多是露天作业，受天气变化的影响，在施工中要制订相应的施工措施，如防台风、防雷击、防洪水、防地震、防暑降温、防冻、防寒、防滑等相应措施。

（1）夏季安全施工措施。

① 做好准备工作。

夏天对建筑施工影响较大的是雨、风、雷。首先要做好夏季施工中各种自然不利因素的准备工作，成立夏季施工领导小组，制订出大雨天、大风天造成自然灾害的应急预案，在项目经理的统一领导下，组成应急突击队，明确任务，各司其职，落实到人。坚持值班制度，有针对性地进行实际演练，遇到险情时，队伍能够上得去，及时排除险情，把损失降到最小，才能不影响施工的顺利进行。

② 配齐各种抢险工具，备足各种防雨、防风、防雷电物资。

③ 施工现场设置。

施工现场应把堆放建筑材料的场地、库房、搅拌站、电机设备等建在地势较高的地方，以防止雨季被大水浸泡，如果施工地点地势较低洼，应在以上场地四周挖好排水沟，以保证不存水，并防止四周水流入场内，施工现场的道路要略高并压实，使其坚硬畅通。

（2）雨季施工的安全措施。

① 土方工程。

雨季对土方工程施工影响较大，为防止发生事故，使施工顺利进行，要做到以下几点：对于沟通槽的开挖，一定要根据放坡系数放坡，坡度如果放得小，遇到雨水浸泡非常容易塌方；如果沟槽较深，应做好挡板和支撑，边坡也可用塑料布覆盖，雨季施工的工作面不宜过大，应逐段施工，如果是大型基槽，应准备好排水设备，及时排出雨水或地下渗水，以保证施工进度；基础施工完成后，应及时回填。

② 砌体工程。

雨季露天堆放的砖，应堆放在地势较高的地方。施工用砖根据砖的干湿程度来确定浇水量，如果砖在雨季被雨水浸泡后，不要马上使用。因为砖含有大量的水分，在砌筑中就失去了稳定性，大雨以后墙面上两层砖应翻砌，内墙、外墙在砌筑时尽可能同时进行，独立柱、窗口墙或窄墙不宜一次砌得太高，并注意转角及丁字墙的及时连接。

③ 混凝土工程。

混凝土浇筑时，特别是大面积浇筑前，要了解和掌握天气情况，不要赶在雨天浇筑。如果在浇筑时遇到下雨，要及时用防雨材料覆盖，模板下面的支撑要夯实，雨后及时检查是否下沉。如果遇到连续雨天，混凝土结合面要处理好坡度，以使接续的混凝土更加牢固。在雨天室外不能进行电焊作业，如果工程紧迫，可在防雨材料的遮挡下操作。

④ 抹灰及装饰工程。

雨天不宜进行室外抹灰，大雨浇过的外墙也不宜马上抹灰，待外墙湿度达到一定标准后方可施工，刚抹过的墙被雨浇过后，如出现麻面和水沟，要重新处理，室内抹灰也要在外墙抹灰完成后才能进行。如果工程紧迫，也要在外墙做完找平层后方可进行，雨天不能在室外刷油漆。

⑤ 脚手架工程。

雨期施工时，脚手架要加固基础，底部的垫板要牢固结实，脚手架的连接件要经常进行检查，脚手架上的人行马道要做好防滑措施，脚手架上不要进行太多施工，人员也不宜太多，各种材料不要大量堆放在脚手架上，金属脚手架在与电缆接触部位要检查电缆的防护绝缘皮是否完好、有无磨损漏电，并要安装漏电保护装置。

⑥ 吊装工程。

各种构件要堆放在地势较高的地方，如果堆放构件的地势较低，要在构件四周挖好排水沟，能及时排除积存的雨水，以防止构件被雨水浸泡。塔吊的基础要牢固，并高出自然地面，雨天不宜进行吊装作业，雨后吊装要检查绳索，因绳索淋湿后会降低摩擦系数，以免绳索滑落造成事故，雨后吊装时应采取试吊的办法，起吊 1m 左右，反复试吊几次没有危险方可施工。

另外，雨季施工现场应做到以下几点：各种操作棚要牢固、防风、防雨，各种电闸箱要防雨、防水淹，并安装接地装置和漏电保护器；施工现场的塔吊、电梯、钢脚手架必须安装防雷装置；雨季施工主要做好防雨、防风、防电、防雷、防汛等工作，并严格执行各项规章制度，出现问题果断处理，立即起动应急预案，把事故的损失降到最低，这样才能保证各项施工任务顺利完成。

（3）冬季施工安全措施。

为做好项目冬季安全施工，确保项目职工健康安全目标的实现，杜绝各类事故的发生，应结合冬季施工特点，制订冬季施工安全防范措施。认真做好"五防""一管理"工作，即防风、防冻、防滑、防火、防煤气中毒，做好冬季安全管理，确保安全文明施工。

6.5 环境管理计划

环境管理计划可参照《环境管理体系 要求及使用指南》（GB/T 24001—2016），在施工单位环境管理体系的框架内编制。

环境管理计划应包括的内容：确定项目重要环境因素，制订项目环境管理目标；建立项目环境管理的组织机构并明确其职责；根据项目特点进行环境保护方面的资源配置；制订现场环境保护的控制措施；建立现场环境检查制度，并对环境事故的处理作出相应的规定。

施工现场环境管理越来越受到建设单位和社会各界的重视，同时各地方政府也不断出台新的环境监管措施，环境管理计划已成为施工组织设计的重要组成部分。对于通过了环境管理体系认证的施工单位，环境管理计划应在企业环境管理体系的框架内，针对项目的实际情况编制。

一般来讲，建筑工程常见的环境因素有大气污染，垃圾污染，建筑施工中建筑机械发出的噪声和强烈的振动，光污染，放射性污染，生产、生活污水污染。

应根据建筑工程各阶段的特点，依据分部（分项）工程进行环境因素的识别和评价，并制订相应的管理目标、控制措施和应急预案等。

现场环境管理应符合国家和地方政府部门的要求。

6.5.1 环境管理目标

施工单位应当遵守国家有关环境保护的法律规定，对施工造成的环境影响采取针对性措施，有效控制施工现场的各种粉尘、废气、废水、固体废弃物以及噪声、振动对环境的污染和危害。施工中环境管理的目标应为确保违规事故为零，污水、废气、噪声、扬尘、废弃物等污染物排放符合国家和地方有关规定，有效控制污染排放，节能降耗，除尘降噪，实现现场绿色施工。

6.5.2 环境管理组织机构

建立以项目经理为首的环境管理组织机构，由项目经理明确项目的环境目标并分解落实，明确相关人员的环境职责和权限，由项目技术负责人组织实施项目环境管理方案，由环境管理员负责施工现场的环境管理和监督，实施环境监测和测量，其他相关人员负责本职责和权限内的环境管理工作。

6.5.3 环境保护的控制措施

1. 环境保护的组织措施

施工现场环境保护的组织措施是施工组织设计或环境管理专项方案中的重要组成部分，是具体组织与指导环保施工的文件，旨在从组

环境管理内容
（规范）

织和管理上采取措施，消除或减轻施工过程中的环境污染与危害。主要的组织措施包括以下两点。

（1）建立施工现场环境管理体系，落实项目经理责任制。

项目经理全面负责施工过程中的现场环境保护的管理工作，并根据工程规模、技术复杂程度和施工现场的具体情况，建立施工现场管理责任制并组织实施，将环境管理系统化、科学化、规范化，做到责权分明、管理有序，防止互相推诿，提高管理水平和效率。环境管理制度主要包括环境岗位责任制、环境检查制度、环境保护教育制度和环境保护奖惩制度。

（2）加强施工现场环境的综合治理。

加强全体职工的自觉保护环境意识，做好思想教育、纪律教育与社会公德、职业道德和法制观念相结合的宣传教育。

2. 环境保护的技术措施

施工单位应当采取下列防止环境污染的技术措施。

（1）妥善处理泥浆水，未经处理不得直接排入城市排水设施和河流。

（2）除设有符合规定的装置外，不得在施工现场熔融沥青或者焚烧油毡、油漆以及其他会产生有毒有害烟尘和恶臭气味的物质。

（3）使用密封式的圈筒或者采取其他措施处理高空废弃物。

（4）采取有效措施控制施工过程中的扬尘。

（5）禁止将有毒有害废弃物用作土方回填。

（6）对产生噪声、振动的施工机械，应采取有效控制措施，减轻噪声扰民。

建设工程施工由于受技术、经济条件限制，对环境的污染不能控制在规定范围内的，建设单位应当会同施工单位事先报请当地人民政府建设行政主管部门和环境保护行政主管部门批准。

6.6　成本管理计划

成本管理计划应以项目施工预算和施工进度计划为依据编制。

成本管理计划应包括下列内容：根据项目施工预算，制订项目施工成本目标；根据施工进度计划，对项目施工成本目标进行阶段分解；建立施工成本管理的组织机构并明确其职责，制订相应管理制度；采取合理的技术、组织和合同等措施，控制施工成本；确定科学的成本分析方法，制订必要的纠偏措施和风险控制措施。

成本管理内容
（规范）

成本管理和其他施工目标管理类似，开始于确定目标，继而进行目标分解，组织人员配备，落实相关管理制度和措施，并在实施过程中进行纠偏，以实现预定的目标。

成本管理是与进度管理、质量管理、安全管理和环境管理等同时进行的，是针对整体施工目标系统实施的管理活动的一个组成部分。在成本管理中，要协调好与进度、质量、安全和环境等的关系，不能片面强调成本节约。

6.6.1 成本管理目标

施工成本是指在建设工程项目的施工过程中所发生的全部生产费用的总和，包括所消耗的原材料、辅助材料、构配件等的费用，周转材料的摊销费或租赁费等，施工机械的使用费或租赁费等，支付给生产工人的工资、奖金、工资性质的津贴等，以及进行施工组织与管理所发生的全部费用支出。

建设工程项目施工成本由直接成本和间接成本组成。直接成本是指施工过程中耗费的构成工程实体或有助于工程实体形成的各项费用支出，其可以直接计入工程对象的费用，包括人工费、材料费、施工机具使用费和施工措施费等。

施工企业的成本管理目标是指在满足工程质量、工期等合同要求的前提下，对工程项目实施过程中所发生的费用，进行有效的计划、组织、控制和协调，尽可能地降低成本费用，实现目标利润，创造良好的经济效益。

6.6.2 成本管理组织机构

根据建筑产品成本运行规律，成本管理责任体系应包括法人层和项目管理层。法人层的成本管理除生产成本以外，还包括经营管理费用；项目管理层应对生产成本进行管理。法人层贯穿项目投标、实施和结算过程，体现以效益为中心的管理职能；项目管理层则着眼于执行法人确定的施工成本管理目标，发挥现场生产成本控制中心的管理职能。

建立以项目经理为首的工程项目成本管理组织结构，各部门制订成本管理计划，做好成本管理计划的实施及监督工作，确保成本管理目标的实现。

6.6.3 成本管理的控制措施

为了取得施工成本管理的理想效果，应当从多方面采取措施实施管理，通常可以将这些措施归纳为组织措施、技术措施、经济措施、合同措施。

1. 组织措施

组织措施是从施工成本管理的组织方面采取的措施。施工成本控制是全员的活动，如实行项目经理责任制，落实施工成本管理的组织机构和人员，明确各级施工成本管理人员的任务和职能分工、权利和责任。施工成本管理不仅是专业成本管理人员的工作，各级项目管理人员都负有成本控制责任。

组织措施的另一方面是编制施工成本控制工作计划，确定合理详细的工作流程。要做好施工采购规划，通过生产要素的优化配置、合理使用、动态管理，有效控制实际成本；加强施工定额管理和施工任务单管理，控制活劳动和物化劳动的消耗；加强施工调度，避免因施工计划不周和盲目调度造成窝工损失、机械利用率降低、物料积压等而使施工成本增加。成本控制工作只有建立在科学管理的基础之上，具备合理的管理体制、完善的规章制度、稳定的作业秩序、完整准确的信息传递，才能取得成效。组织措施是其他各类措施的前提和保障，而且一般不需要增加什么费用，运用得当可以收到良好的效果。

2. 技术措施

施工过程中降低成本的技术措施，包括进行技术经济分析确定最佳的施工方案，结合施工方法进行材料使用的比选，在满足功能要求的前提下，通过代用、改变配合比、使用添加剂等方法降低材料消耗的费用；确定合适的施工机械、设备使用方案；结合项目的施工组织设计及自然地理条件，降低材料的库存成本和运输成本；先进的施工技术的应用、新材料的运用、新开发机械设备的使用等。在实践中，也要避免仅从技术角度选定方案而忽视对其经济效果的分析论证。

技术措施不仅对解决施工成本管理过程中的技术问题是不可缺少的，而且对纠正施工成本管理目标偏差也有相当重要的作用。因此，运用技术纠偏措施的关键，一是要能提出多个不同的技术方案，二是要对不同的技术方案进行技术经济分析。

3. 经济措施

经济措施是容易被人们接受和采用的措施。管理人员应编制资金使用计划，确定、分解施工成本管理目标。对施工成本管理目标进行风险分析，并制订防范性对策。对各种支出，应认真做好资金的使用计划，并在施工中严格控制各项开支。及时准确地记录、收集、整理、核算实际发生的成本。对各种变更，及时做好增减账，及时落实业主签证，及时结算工程款。通过偏差分析和未完工程预测，可发现一些将引起未完工程施工成本增加的潜在问题，对这些问题应以主动控制为出发点，及时采取预防措施。由此可见，经济措施的运用绝不仅仅是财务人员的事情。

4. 合同措施

采用合同措施控制施工成本，应贯穿整个合同周期，包括从合同谈判开始到合同终止的全过程。首先，选用合适的合同结构，对各种合同结构模式进行分析、比较，在合同谈判时，要争取选用适合工程规模、性质和特点的合同结构模式。其次，在合同的条款中应仔细考虑一切影响成本和效益的因素，特别是潜在的风险因素。通过对引起成本变动的风险因素的识别和分析，采取必要的风险对策，如通过合理的方式，增加承担风险的个体数量，降低损失发生的比例，并最终使这些策略反映在合同的具体条款中。在合同执行期间，合同管理的措施既要密切注视对方合同执行的情况，以寻求合同索赔的机会；同时也要密切关注自己履行合同的情况，以防止被对方索赔。

6.7　文明施工管理计划

文明施工是指保持施工现场良好的作业环境、卫生环境和工作秩序。文明施工主要包括：规范施工现场的场容，保持作业环境的整洁卫生；科学组织施工，使生产有序进行，减少施工对周围居民和环境的影响；遵守施工现场文明施工的规定和要求，保证职工的安全和身体健康等。

文明施工管理措施
（施工组织设计）

6.7.1　施工现场文明施工的要求

施工现场文明施工应符合以下要求。

（1）有整套的施工组织设计或施工方案，施工总平面布置紧凑，施工场地规划合理，符合环保、市容、卫生的要求。

（2）有健全的施工组织管理机构和指挥系统，岗位分工明确；工序交叉合理，交接责任明确。

（3）有严格的成品保护措施和制度，临时设施和各种材料、构件、半成品按平面布置堆放整齐。

（4）施工场地平整，道路畅通，排水设施得当，水电线路整齐，机具设备状况良好、使用合理。施工作业符合消防和安全要求。

（5）做好环境卫生管理，包括施工区、生活区环境卫生和食堂卫生管理。

（6）文明施工应贯穿施工结束后的清场。

6.7.2　施工现场文明施工的措施

1. 文明施工的组织措施

（1）建立文明施工的管理组织。

应确立项目经理为现场文明施工的第一责任人，以各专业工程师、施工质量、安全、材料、保卫、后勤等现场项目经理部人员为成员的施工现场文明管理组织，共同负责本工程现场文明施工工作。

（2）健全文明施工的管理制度。

健全文明施工的管理制度包括建立各级文明施工岗位责任制、将文明施工工作考核列入经济责任制，建立定期的检查制度，实行自检、互检、交接检制度，建立奖惩制度，开展文明施工立功竞赛，加强文明施工教育培训等。

2. 文明施工的管理措施

（1）现场围挡设计。

围挡封闭是创建文明工地的重要组成部分。工地四周应设置连续、密闭的砖砌围墙，与外界隔绝进行封闭施工。围墙高度按不同地段的要求进行砌筑：市区主要路段和其他涉及市容景观路段的工地，围挡的高度不低于2.5m，其他工地的围挡高度不低于1.8m。围挡材料要求坚固、稳定、统一、整洁、美观。

结构外墙脚手架设置安全网，防止杂物、灰尘外洒，也防止人与物坠落。安全网使用不得超出其合理使用期限，重复使用的应进行检验，检验不合格的不得使用。

（2）现场工程标志牌设计。

按照文明工地标准，严格按照相关文件规定的尺寸和规格制作各类工程标志牌——"五牌一图"，即工程概况牌、管理人员名单及监督电话牌、消防保卫牌、安全生产牌、文明施工牌和施工现场平面布置图。

（3）临时设施布置。

现场生产临时设施及施工便道总体布置时，必须同时考虑工程基地范围内的永久道路，避免冲突，影响管线的施工。

临时建筑物、构筑物包括办公用房、宿舍、食堂、卫生间及化粪池、水池，皆用砖砌。临时建筑物、构筑物要求稳固、安全、整洁，满足消防要求。集体宿舍与作业区隔离，人均床铺面积不小于$2m^2$，适当分隔，防潮、通风、采光性能良好。按规定架设用电线路。严禁任意拉线接电，严禁使用电炉和明火烧煮食物。对于重要材料设备，要搭设相应适用存储保护的场所或临时设施。

（4）成品、半成品、原材料堆放。

严格按施工组织设计中的平面布置图划定的位置堆放成品、半成品和原材料，所有材料应堆放整齐。仓库做到账物相符，进出仓库有手续，凭单收发。保持仓库整洁，并由专人负责管理。

（5）现场场地和道路。

场内道路要平整、坚实、畅通。主要场地应硬化，并设置相应的安全防护设施和安全标志。施工现场内有完善的排水措施，不允许积水。

（6）现场卫生管理。

① 明确施工现场各区域的卫生责任人。

② 食堂必须有卫生许可证，并应符合卫生标准，生、熟食操作应分开，熟食操作时应有防蝇间或防蝇罩。禁止使用食用塑料制品作熟食容器，炊事员和茶水工应持有效的健康证明和上岗证。

③ 施工现场应设置卫生间，并有水源供冲洗，同时设简易化粪池或集粪池，加盖并定期喷药，每日有专人负责清扫。

④ 设置足够的垃圾池和垃圾桶，定期搞好环境卫生，及时清理垃圾，施药除"四害"。

⑤ 建筑垃圾必须集中堆放并及时清运。

⑥ 施工现场按标准制作有顶盖茶棚，茶桶必须上锁，茶水和消毒水有专人定时更换，并保证供水。

⑦ 夏季施工备有防暑降温设施。

⑧ 配备保健药箱，购置必要的急救、保健药品。

（7）文明施工教育。

① 做好文明施工教育，管理者首先应为建设者营造一个良好的施工、生活环境，保障施工人员的身心健康。

② 开展文明施工教育，教育施工人员应遵守和维护国家的法律法规，防止和杜绝盗窃、斗殴及黄、赌、毒等非法活动的发生。

③ 现场施工人员均佩戴胸卡，按工种统一编号管理。

④ 进行多种形式的文明施工教育，如例会、报栏、录像及辅导、参观学习等。

⑤ 强调全员管理的概念，提高现场人员文明施工的意识。

其他管理计划宜包括绿色施工管理计划、防火保安管理计划、合同管理计划、组织协调管理计划、创优质工程管理计划、质量保修管理计划，以及对施工现场人力资源、施工机具、材料设备等生产要素的管理计划等。

其他管理计划可根据项目的特点和复杂程度加以取舍。

各项管理计划的内容应有目标、组织机构、资源配置、管理制度和技术、组织措施等。

习　　题

一、单项选择题

1. 施工项目质量计划应由（　　）主持编制。

A. 项目总工　　　　　　　　　B. 公司质量负责人

C. 项目经理　　　　　　　　　D. 公司技术负责人

2. 建筑工程项目质量管理的首要步骤是（　　）。

A. 编制项目质量计划

B. 明确项目质量目标

C. 明确项目各阶段的质量控制目标

D. 对项目质量管理工作制订预防和改进措施

3. 安全专项施工方案应由施工企业（　　）编制。

A. 专业工程技术人员　　　　　B. 项目安全总监

C. 项目总工程师　　　　　　　D. 项目经理

4. 项目安全生产责任制规定，项目安全生产的第一责任人是（　　）。

A. 项目经理　　　　　　　　　B. 项目安全总监

C. 公司负责人　　　　　　　　D. 公司安全总监

5. 土石方施工时，白天现场噪声排放规定最小限值是（　　）dB。

A. 65　　　　　　　　　　　　B. 70

C. 75　　　　　　　　　　　　D. 85

二、多项选择题

1. 建筑工程质量是指反映建筑工程满足相关标准规定或合同约定的要求，包括其在（　　）等方面所有明显和隐含能力的特性总和。

A. 安全　　　　　　　　　　　B. 环保

C. 使用功能　　　　　　　　　D. 价格合理

E. 耐久性能

2. 下列工程中，应单独编制安全专项施工方案的有（　　　）。

A. 现场临时用水工程　　　　　　B. 现场外电防护工程

C. 网架和索膜结构施工　　　　　D. 水平混凝土构件模板支撑体系

E. 开挖深度为 4.8m 的基坑，地下水位在坑底以上的基坑支护

三、案例题

1. 背景

某建筑施工总承包特级企业 A 公司中标一项大型商务写字楼工程，该工程地上 86 层，地下 5 层，结构为钢-混凝土混合结构。精装修工程为建设单位指定分包施工，由 B 装饰公司完成。

施工过程中发生如下事件：

事件一：监理单位要求 A 中标单位上报施工项目质量计划，施工单位项目总工程师依据项目设计图纸以及业主对于工程质量创优的要求，召集项目全体技术、质量等有关管理人员，编制了该项目的质量计划。

事件二：该工程质量计划包含以下内容：① 编制依据；② 项目概况；③ 项目质量管理体系；④ 产品实现。监理工程师认为质量计划内容严重缺项，要求整改。

事件三：总承包单位在质量计划书中对自行施工的工作内容做了详细的规划，并建立了项目质量责任制和考核办法。监理工程师认为内容不完整，要求整改。

事件四：竣工验收时发现装修存在质量问题，业主要求 A 公司整改，A 公司认为此部分为 B 公司施工，且 B 公司为业主指定分包，与 A 公司无关。

2. 问题

（1）指出事件一的不妥之处，并分别说明正确做法。

（2）在事件二中，项目质量计划还应补充哪些内容？

（3）指出事件三的不妥之处，并说明理由。

（4）指出事件四的不妥之处，并说明理由。

7 施工组织设计的实施

7.1 施工组织设计的贯彻实施

施工组织设计是贯彻整个施工过程的纲领性文件，它的贯彻实施具有非常重大的意义，必须引起高度重视。施工组织设计文件的编制为指导施工部署、组织施工活动提供了计划和依据。它是工程技术人员根据建设产品的基本特点，使工程得以有组织、有计划、有条不紊地进行，达到相对最佳效果的技术经济文件。为了实现计划的预定目标，必须按照施工组织设计文件所规定的各项内容，认真实施、讲求实际，避免盲目施工，保证工程建设的顺利进行，因此工程建设的施工组织包含编制施工组织设计文件的静态过程和贯彻执行、检查调整的动态过程。

编制完成的施工组织设计，仅是一个为实施工程施工所提供的可行性方案，至于这个方案的技术经济效益如何，还必须通过实践验证；而贯彻施工组织设计的实质，就是把一个静态平衡方案，运用到不断变化的施工过程中，考核其效果和检验其优劣的过程。如果施工组织设计在施工过程中得不到有效的贯彻，则一些预定的目标就不可能实现，因此施工组织设计贯彻情况将对工程的技术经济效益产生直接的影响，其意义是非常重要的。

7.1.1 施工组织设计的管理

施工组织设计的管理应为动态管理，它是在项目实施过程中对施工组织设计的执行、检查和修改的适时管理活动。项目施工前，应进行施工组织设计逐级交底；项目施工过程中，应对施工组织设计的执行情况进行检查、分析并适时调整。项目施工过程中，发生以下情况之一时，应对施工组织设计进行及时修改或补充。

1. 工程设计有重大修改

当工程设计图纸发生重大修改时，如装修材料或做法发生重大变化，需要对施工组织设计进行修改；对工程设计图纸进行一般性修改，视变化情况对施工组织设计进行补充；对工程设计图纸进行细微修改或更正，施工组织设计则无须调整。

2. 有关法律、法规、规范和标准实施、修订和废止

当有关法律、法规、规范和标准开始实施或发生变更，并涉及工程的实施、检查或验收时，施工组织设计需要进行修改或补充。

3. 主要施工方法有重大调整

由于主客观条件的变化，施工方法有重大变更，原来的施工组织设计已不能正确地指导施工，须对施工组织设计进行修改或补充。

4. 主要施工资源配置有重大调整

当主要施工资源的配置有重大变更，并且影响到施工方法或对施工进度、质量、安全、环境、造价等造成潜在的重大影响时，须对施工组织设计进行修改或补充。

5. 施工环境有重大改变

当施工环境发生重大改变，如施工延期造成季节性施工方法变化，或施工场地变化造成现场布置和施工方式改变等，致使原来的施工组织设计已不能正确地指导施工，须对施工组织设计进行修改或补充。

经过修改或补充的施工组织设计原则上须经原审批单位重新审批后实施。施工组织设计应在工程竣工验收后归档。

7.1.2　施工组织设计的编制内容

施工组织总设计、单项工程施工组织设计和分部分项工程施工组织设计，是整个工程项目不同广度、深度和作用的三个层次，它们都具有以下基本内容。

（1）工程特性分析。

（2）施工部署和施工方案的选择。

（3）施工准备工作计划。

（4）施工进度计划。

（5）各项资料需要量计划。

（6）施工总布置。

（7）各项技术经济指标分析。

7.1.3　施工组织设计的贯彻

施工组织设计的编制，只是为实施拟建工程项目的生产过程提供了一个可行的方案。这个方案的经济效果如何，必须通过实践验证。贯彻施工组织设计的实质，就是把一个静态平衡方案，放到不断变化的施工过程中，考核其效果和检查其优劣，以达到预定目标的过程。所以贯彻施工组织设计的情况，其意义是深远的，为了保证施工组织设计的顺利实施，应做好以下几个方面的工作。

1. 做好施工组织设计交底

（1）经过审批的施工组织设计，必须及时贯彻，在工程开工前可采用交底会、书面交底等形式，由企业或项目部组织相关人员进行施工组织设计交底。

（2）施工组织总设计及大型、重点工程的施工组织设计由总承包单位总工程师组织各施工单位及分包单位参加交底会，由负责编制的部门进行交底，交底过程应有记录，并填写"施工组织设计交底记录表"。

（3）单位工程施工组织设计由项目负责人组织对项目部全体管理人员及主要分包单位进行交底，交底过程应有记录，并填写"施工组织设计交底记录表"。

（4）施工组织设计交底后，各专业要分别组织学习，按分工及要求落实责任范围。

2. 制订各项管理制度

施工组织设计的贯彻取决于施工企业的管理素质、技术素质及经营管理水平；而企业素质和水平的标志，在于企业各项管理制度。实践经验证明，只有施工企业有了科学的、健全的管理制度，企业的正常生产秩序才能维持，才能保证工程质量，提高劳动生产率，防止可能出现的漏洞或事故，因此必须建立、健全各项管理制度，保证施工组织设计的顺利实施。

3. 推行技术经济承包制度

技术经济承包是指用经济的手段和方法，明确承发包双方的责任。推行技术经济承包制度有利于加强监督，是保证承包目标实现的重要手段。为了更好地贯彻施工组织设计，应该推行技术经济承包制度，开展劳动竞赛，把施工过程中的技术经济责任同职工的物质利益结合起来（如开展全优工程竞赛，推行全优工程综合奖、节约材料奖和技术进步奖等）。

4. 统筹安排及综合平衡

在拟建工程项目的施工过程中，做好人力、物力、财力的统筹安排，保持合理的施工规模，既能满足拟建工程项目施工的需要，又能带来较好的经济效益。施工过程中的任何平衡都是暂时的和相对的，平衡中必然存在不平衡的因素，为及时分析和研究这些不平衡的因素，应不断地进行施工条件的反复综合和各专业工种的综合平衡，进一步完善施工组织设计，保证施工的节奏性、均衡性和连续性。

5. 切实做好施工准备工作

施工准备工作是保证均衡和连续施工的重要前提，也是顺利地贯彻施工组织设计的重要保证。拟建工程项目不仅在开工之前要做好一切人力、物力和财力的准备，而且在施工过程中的不同阶段也要做好相应的施工准备工作。这对于施工组织设计的贯彻执行是非常重要的。

7.1.4　施工组织设计的检查与调整

施工过程会受到各种因素的影响，施工组织设计的贯彻执行会发生一定的变化，因此施工组织设计的检查与调整是一项经常性的工作，必须根据工程实际情况加强反馈、随时决策、及时调整，不断反复地进行，以适应新的情况，并使其贯彻整个施工过程。具体应做好以下工作。

（1）在施工组织设计的实施过程中，由审批单位或部门对施工组织设计的实施情况进行检查（检查可按工程施工阶段进行），并记录检查结果。对于施工组织设计主要指标的检查，一般采用比较法，即把各项指标的完成情况同计划规定的指标相对比。检查内容包括施工部署、施工方法的落实情况和执行情况（具体涉及生产、技术、质量、安全、成本费用和施工平面布置等方面），并把检查的结果填写到"施工组织设计中间检查记录表"中。

（2）中间检查的次数和检查时间可根据工程规模大小、技术复杂程度和施工组织设计的实施情况等因素，由施工单位自行确定。通常情况下，中间检查主持人由承包单位技术负责人或相关部门负责人担任，参加人为承包单位相关部门负责人、项目经理部各有关人员。

（3）当施工组织设计在执行过程中不能有效地指导施工或某项工艺发生变化时，应及时调整施工组织设计，根据检查发现的问题及其产生的原因，拟定改进措施或方案，对其相关部分进行调整，使其适应变化的需要，达到新的平衡。

（4）修改方案由原编制单位编制，报原审批部门同意签字后实施，并填写到"施工组织设计修改记录表"中。

实际上，施工组织设计的贯彻、检查和调整是一项经常性的工作，必须随着施工的进展情况加强反馈并及时地进行调整，应贯穿拟建工程项目施工过程。

7.1.5　施工组织设计编制、实施的权威性和严肃性

施工组织设计在编制和实施过程中必须体现其权威性和严肃性。

（1）未经审批或审批手续不全的施工组织设计，视为无效。

（2）工程开工前必须按编制分工逐级向下进行施工组织设计交底，同时进行对有关部门和专业人员的横向交底，并应有相应的交底记录。

（3）加强对实施全过程的控制，分别对基础施工、结构施工和装修三个阶段进行施工组织设计实施情况的中间检查，并做记录。

（4）施工组织设计一经批准，必须严格执行，实施过程中，任何部门和个人都不得擅自更改。施工组织设计的内容应根据变化情况修改或补充，报原审批人员批准后方可执行，以确保文件的严肃性及施工指导作用的连续性。

（5）施工组织设计必须要在相关的管理层贯彻执行，必须落实到相关岗位。在实施过程中当文件有调整变更时，必须对原文进行修改或附有修改依据资料。确保贯彻执行的严肃性和文件资料真实、齐全。

7.2 施工进度计划的控制与实施

7.2.1 施工进度计划的控制原理

项目进度计划控制时，计划不变是相对的，变化是绝对的；平衡是相对的，不平衡是绝对的。而且，制订项目进度计划时所依据的条件在不断变化，工程项目的进度受许多因素的影响，必须事先对影响进度的各种因素进行调查，预测它们对进度可能产生的影响，编制可行的进度计划，指导工程建设按进度计划进行。同时，在工程项目进度控制时，必须经常地、定期地针对变化的情况，采取对策，对原有的进度计划进行调整。

在进度计划执行过程中，必然会出现一些新的或意想不到的情况，它既有人为因素的影响，也有自然因素的影响，往往难以按照原定的进度计划进行。因此，在确定进度计划制订的条件时，要具有一定的预见性和前瞻性，使制订的进度计划尽量接近变化后的实施条件；在项目实施过程中，掌握动态控制原理，不断检查，将实际情况与计划安排进行对比，找出偏离进度计划的原因，特别是找出主要原因，然后采取相应的措施。措施的确定有两个前提：一是通过采取措施，维持原进度计划，使之正常实施；二是采取措施后不能维持原进度计划，要对进度计划进行调整或修正，再按新的进度计划实施。不能完全拘泥于原进度计划，也就是要有动态管理思想，按照进度控制的原理进行管理，不断地计划、执行、检查、分析、调整进度计划，达到工程进度计划管理的最终目标。

工程进度控制原理包括下面几个方面。

1. 动态控制原理

进度控制是一个不断进行的动态控制，也是一个循环过程，从项目开始，计划就进入了执行的动态。实际进度与计划进度不一致时，采取相应措施调整偏差，使两者在新的起点重合，继续按其施工，然后在新的因素影响下又会产生新的偏差，施工进度计划控制就是采用这种动态循环的控制方法。其基本过程如图 7.1 所示。

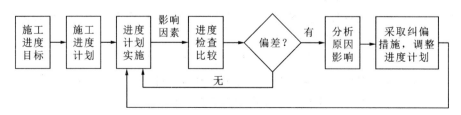

图 7.1 施工项目进度管理过程

2. 系统原理

施工进度控制包括计划系统、进度实施组织系统、检查控制系统。为了对施工项目进行进度计划控制，必须编制施工项目的各种进度计划，其中有施工总进度计划、单位工程进度计划、分部分项工程进度计划、季度和月（周）作业计划。这些计划组成了施工项目进度计划系统。施工组织各级负责人，从项目经理、施工队长、班组长及所属成员都按照进度计划进行管理、落实各自的任务，组成了项目实施的完整的组织系统。为了保证进度实施，项目设有专门部门或人员负责检查汇报、统计整理进度实施资料，并与计划进度比较分析和进行调整，形成纵横相连的检查控制系统。

3. 信息反馈原理

信息反馈是进度控制的依据，施工的实际进度通过信息反馈给基层进度控制人员，基层进度控制人员在分工范围内，加工整理逐级向上反馈，直到主控制室，主控制室对反馈信息分析作出决策，调整进度计划，达到预定目标。施工项目控制的过程就是信息反馈的过程。

4. 弹性原理

施工项目进度计划工期长，影响因素多，编制计划时要留有余地，使计划具有弹性，在进度控制时，便可以利用这些弹性缩短剩余计划工期，达到预期目标。

5. 封闭循环原理

项目进度计划控制的全过程是计划、实施、检查、分析、确定调整措施、再计划，形成一个封闭的循环系统。

6. 网络计划技术原理

在项目进度的控制中利用网络计划技术原理编制进度计划，根据收集的信息，比较分析进度计划，再利用网络工期优化，工期与成本、资源优化调整计划。网络计划技术原理是施工项目进度控制的完整计划管理和分析计算理论基础。

7.2.2　施工进度计划的编制

1. 施工项目进度计划的分类

施工项目进度计划是在确定工程施工目标工期的基础上，根据相应的工程量，对各项施工过程的施工顺序、起止时间和相互衔接关系以及所需的劳动力和各种技术物资的供应所做的具体策划和统筹安排。

根据不同的划分标准，施工项目进度计划可以分为不同的种类。它们组成了一个相互关联、相互制约的计划系统。按不同的计划深度划分，可以分为总进度计划、项目子系统进度计划与项目子系统中的单项工程进度计划；按不同的计划功能划分，可以分为控制性进度计划、指导性进度计划与实施性（操作性）进度计划；按不同的计划周期划分，可以分为5年建设进度计划，年度、季度、月度和旬建设进度计划。

2. 施工项目进度计划的表示方法

施工项目进度计划的表示方式有多种，在实际工程施工中，主要使用横道图和网络图。

（1）横道图。

横道图是结合时间坐标线，用一系列水平线段来分别表示各施工过程的施工起止时间和先后顺序的图表。这种表达方式简单明了、直观易懂，但是也存在一些问题，如工序（工作）之间的逻辑关系不易表达清楚；没有通过严谨的时间参数计算，不能确定关键线路与时差；计划只能用手工方式调整，工作量较大；难以适应大的进度计划系统。

（2）网络图。

网络图是由箭线和节点组成，用来表示工作流程的有向、有序的网状图形。这种表达方式具有以下优点：能正确地反映工序（工作）之间的逻辑关系；可以进行各种时间参数计算，确定关键工作、关键线路与时差；可以用电子计算机对复杂的计划进行计算、调整与优化。网络图的种类很多，较常用的是双代号网络图。双代号网络图是以箭线及其两端节点的编号表示工作的网络图。

（3）工程进度曲线图。

工程进度曲线图一般用横轴代表工期，纵轴代表工程完成数量或施工量的累计，将计划进度曲线与实际施工进度曲线相比较，可掌握工程进度情况并利用它来控制施工进度。

（4）施工进度管理控制曲线。

施工计划进度曲线是以施工机械、劳动力等的平均施工速度为基础而确定的，由于实际工程条件及管理条件的变化，实际进度曲线一般与计划进度曲线有一定偏差，这种偏差有一定的界限，实际施工进度若能经常保持在一定安全范围，工程才能顺利完成，这个安全区域就是施工进度管理控制曲线。

（5）形象进度图。

形象进度图是把工程计划以建筑物形象进度来表达的一种控制方法。这种方法是直接将工程项目进度目标标注在工程形象进度图的相应部位，非常直观，特别适用于施工阶段的进度控制。

（6）进度里程碑计划。

进度里程碑计划是以项目中某些重要事件的完成或开始事件作为基准所形成的计划，是一个战略计划或项目框架。它显示了工程项目实现完工目标所必须经过的重要条件和中间状态序列，一般适用于项目的概念性计划阶段。

3. 施工项目进度计划的编制步骤

编制施工项目进度计划是在满足合同工期要求的情况下，对选定的施工方案、资源的供应情况、协作单位配合施工情况所作出的综合研究和周密部署，其一般编制步骤：划分施工过程→计算工程量→套用施工定额→劳动量和机械台班量的确定→计算施工过程的持续时间→初排施工进度→编制正式的施工进度计划。

7.2.3 施工进度计划的审核与实施

施工进度计划的实施就是施工活动的开展，就是用施工进度计划指导施工活动、落实和完成计划。施工进度计划逐步实施的过程就是施工项目建造逐步完成的过程。为了保证施工进度计划的实施、保证各进度目标的实现，应做好以下工作。

1. 施工进度计划的审核

项目经理应进行施工项目进度计划的审核，其主要内容包括以下 8 点。

（1）进度安排是否符合施工合同确定的建设项目总目标和分目标的要求，是否符合其开工、竣工日期的规定。

（2）施工进度计划中的内容是否有遗漏，分期施工是否满足分批交工的需要和配套交工的要求。

（3）施工顺序安排是否符合施工程序的要求。

（4）资源供应计划是否能保证施工进度计划的实现，供应是否均衡，分包人供应的资源是否能满足进度的要求。

（5）施工图设计的进度是否满足施工进度计划要求。

（6）总分包之间的进度计划是否相协调，专业分工与计划的衔接是否明确、合理。

（7）对实施进度计划的风险是否已分析清楚，是否有相应的对策。

（8）各项保证进度计划实现的措施设计是否周到、可行、有效。

2. 施工项目进度计划的贯彻

（1）检查各层次的计划，形成严密的计划保证系统。

施工项目的所有的施工总进度计划、单项工程施工进度计划、分部分项工程施工进度计划，都是围绕一个总任务编制的，它们之间的关系是高层次计划为低层次计划提供依据，低层次计划是高层次计划的具体化。在其贯彻执行时，应当首先检查是否协调一致，计划目标是否层层分解、互相衔接，组成一个计划实施的保证体系，以施工任务书的方式下达施工队，保证施工进度计划的实施。

（2）层层明确责任并充分利用施工任务书。

施工项目经理、作业队和作业班组之间分别签订责任状，按计划目标规定工期、质量标准、承担的责任、权限和利益。用施工任务书将作业任务下达到作业班组，明确具体施工任务、技术措施、质量要求等内容，使施工班组必须保证按作业计划时间完成规定的任务。

（3）进行计划的交底，促进计划的全面、彻底实施。

施工进度计划的实施是全体工作人员的共同行动，为使有关部门人员都明确各项计划的目标、任务、实施方案和措施，使管理层和作业层协调一致，将计划变成全体员工的自觉行动，在计划实施前可以根据计划的范围进行计划交底工作，使计划得到全面、彻底的实施。

3. 施工项目进度计划的实施

(1) 编制月 (旬) 作业计划。

为了实施施工计划，应将规定的任务结合现场施工条件，如施工场地的情况、劳动力、机械等资源条件和实际的施工进度，在施工开始前和过程中不断地编制本月 (旬) 作业计划，这是使施工计划更具体、更实际和更可行的重要环节。在月 (旬) 作业计划中要明确：本月 (旬) 应完成的任务；所需要的各种资源量；提高劳动生产率和节约措施等。

(2) 签发施工任务书。

编制好月 (旬) 作业计划以后，将每项具体任务通过签发施工任务书的方式下达到班组进一步落实、实施。施工任务书是向班组下达任务，实行责任承包、全面管理的原始综合性文件。施工班组必须保证指令任务的完成。它是计划和实施的纽带。

施工任务书应按班组且由班组工长编制并下达。在实施过程中要做好记录，任务完成后回收，作为原始记录和业务核算资料。它包括施工任务单、限额领料单和考勤表。施工任务单包括分项工程施工任务、工程量、劳动量、开工日期、完工日期、工艺要求、质量要求、安全要求。限额领料单是根据施工任务书编制的控制班组领用材料的依据，应具体列明材料名称、规格、型号、单位、数量和领用记录、退料记录等。考勤表可附在施工任务书背面，按班组人名排列，供考勤时填写。

(3) 做好施工进度记录，填好施工进度统计表。

在计划任务完成的过程中，各级施工进度计划的执行者都要跟踪做好施工记录，即记载计划中的每项工作开始日期、每日完成数量和完成日期；记录施工现场发生的各种情况、干扰因素的排除情况；跟踪做好工程形象进度、工程量、总产值、耗用的人工、材料和机械台班等的数量统计与分析，为施工项目进度检查和控制分析提供反馈信息。因此，要求实事求是记载，并填好上报统计报表。

(4) 做好施工中的调度工作。

施工中的调度是组织施工中各阶段、环节、专业和工种的配合、进度协调的指挥核心。调度工作主要内容：督促作业计划的实施，调整协调各方面的进度关系；监督检查施工准备工作；督促资源供应单位按计划供应劳动力、施工机具、运输车辆、材料构配件等，并对临时出现的问题采取调配措施；按施工平面图管理现场，结合实际情况进行必要的调整，保证文明施工；了解气候、水、电、气的情况，采取相应的防范和保证措施；及时发现和处理施工中各种事故和意外事件；调节各薄弱环节；定期及时召开现场调度会议，贯彻施工项目主管人员的决策，发布调度令。

7.2.4 施工进度计划监测的系统过程

在建设工程实施过程中，应经常、定期地对进度计划的执行情况跟踪检查，发现问题后，及时采取措施。进度计划监测的系统过程如图 7.2 所示。

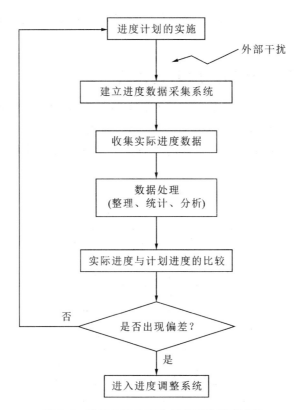

图 7.2 建设工程进度计划监测的系统过程

1. 进度计划的实施

根据进度计划的要求，制订各种措施，按预定的计划进度安排建设工程各项工作。

2. 实际进度数据的收集及加工处理

对进度计划的执行情况进行跟踪检查是计划执行信息的主要来源，是进度分析和调整的依据，也是进度控制的关键步骤。跟踪检查的主要工作是定期收集反映工程实际进度的有关数据，收集的数据应当全面、真实、可靠，不完整或不正确的进度数据将导致判断不准确或决策失误。为了进行实际进度与计划进度的比较，必须对收集到的实际进度数据进行加工处理，形成与计划进度具有可比性的数据。例如，对检查时段实际完成工作量的进度数据进行整理、统计和分析，确定本期累计完成的工作量、本期已完成的工作量占计划工作量的百分比等。

3. 实际进度与计划进度的比较

将实际进度数据与计划进度数据进行比较，可以确定建设工程实际执行状况与计划目标之间的差距。为了直观反映实际进度偏差，通常采用表格或图形的形式进行实际进度与计划进度的对比分析，从而得出实际进度与计划进度相比，超前、滞后还是一致的结论。

若实际进度与计划进度不一致，则应对计划或对实际工作进行调整，使实际进度与计划进度尽可能一致。

7.2.5 施工进度计划调整的系统过程

在建设工程实施进度监测过程中，一旦发现实际进度偏离计划进度，即出现进度偏差时，必须认真分析产生偏差的原因及其对后续工作和总工期的影响，必要时采取合理、有效的进度计划调整措施，确保进度总目标的实现。进度计划调整的系统过程如图 7.3 所示。

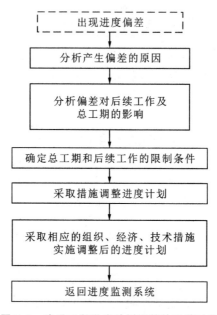

图 7.3　建设工程进度计划调整的系统过程

1. 分析进度偏差产生原因

通过实际进度与计划进度的比较，发现进度偏差时，为了采取有效措施调整进度计划，必须深入现场进行调查，分析产生进度偏差的原因。

2. 分析进度偏差对后续工作和总工期的影响

当查明进度偏差产生的原因之后，要分析进度偏差对后续工作和总工期的影响程度，以确定是否应采取措施调整进度计划。

3. 确定后续工作和总工期的限制条件

当出现的进度偏差影响到后续工作或总工期而需要采取进度调整措施时，应当首先确定可调整进度的范围，主要指关键节点、后续工作的限制条件以及总工期允许变化的范围。这些限制条件往往与合同条件、自然因素和社会因素有关，需要认真分析后确定。

4. 采取措施调整进度计划

采取进度调整措施，应以后续工作和总工期的限制条件为依据，确保要求的进度目标得以实现。

5. 实施调整后的进度计划

计划调整之后，应采取相应的组织、经济、技术和管理措施执行，并继续监测其执行情况。

7.2.6 施工进度计划的比较方法

实际进度与计划进度的比较是工程进度检查的主要环节。常用的进度比较方法有横道图、S 曲线、香蕉曲线、前锋线和列表比较法。

1. 横道图比较法

横道图比较法是指将项目实施过程中检查实际进度收集到的数据，经加工整理后直接用横道线平行绘于原计划的横道线处，进行实际进度与计划进度比较的方法。采用横道图比较法可以形象、直观地反映实际进度与计划进度的比较情况。

例如，某工程项目基础工程的计划进度和截至第 9 周末的实际进度如图 7.4 所示，其中双线条表示该工程计划进度，粗实线表示实际进度。从图 7.4 中实际进度与计划进度的比较可以看出，到第 9 周末进行实际进度检查时，挖土方和做垫层两项工作已经完成；支模板按计划也应该完成，但实际只完成 75％，任务量延后 25％；绑扎钢筋按计划应该完成 60％，而实际只完成 20％，任务量延后 40％。

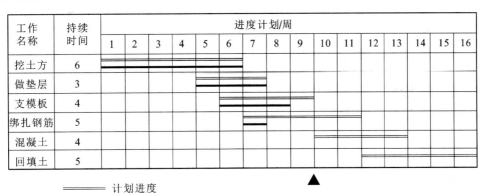

图 7.4 某基础工程实际进度与计划进度比较图

根据各项工作的进度偏差，进度控制者可以采取相应的纠偏措施对进度计划进行调整，以确保该工程按期完成。

图 7.4 所表达的比较方法仅适用于工程项目中的各项工作都是均匀进展的情况，即每项工作在单位时间内完成的任务量都相等的情况。事实上，工程项目中各项工作的进展不一定是匀速的，可根据工程项目中各项工作的进展是否匀速，分别采用以下两种方

法进行实际进度与计划进度的比较。

（1）匀速进展横道图比较法。

匀速进展是指在工程项目中，每项工作在单位时间内完成的任务量都是相等的，即工作的进展速度是均匀的。此时，每项工作累计完成的任务量与时间成线性关系，如图 7.5 所示。完成的任务量可以用实物工程量、劳动消耗量或费用支出表示。为了便于比较，常用上述物理量的百分比表示。

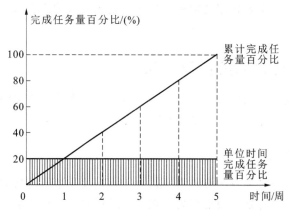

图 7.5 工作匀速进展时任务量与时间关系曲线

采用匀速进展横道图比较法时，其步骤如下。

① 编制横道图进度计划。

② 在进度计划上标出检查日期。

③ 将检查收集到的实际进度数据经过加工整理后按比例用粗黑线标于计划进度的下方，如图 7.6 所示。

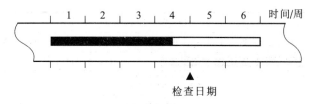

图 7.6 匀速进展横道图比较图

④ 对比分析实际进度与计划进度。

a. 如果涂黑的粗线右端落在检查日期左侧（右侧），表明实际进度延后（超前）。

b. 如果涂黑的粗线右端与检查日期重合，表明实际进度与计划进度一致。

必须指出，该方法仅适用于工作从开始到结束的整个过程中，其进展速度均为固定不变的情况。如果工作的进展速度是变化的，则不能采用这种方法进行实际进度与计划进度的比较；否则，会得出错误的结论。

（2）非匀速进展横道图比较法。

当工作在不同单位时间里的进展速度不相等时，累计完成的任务量与时间的关系就不可能是线性关系。此时，应采用非匀速进展横道图比较法进行工作实际进度与计划进度的比较。

非匀速进展横道图比较法在用涂黑粗线表示工作实际进度的同时，还要标出其对应时刻完成任务量的累计百分比，并将该百分比与其同时刻计划完成任务量的累计百分比相比较，判断工作实际进度与计划进度之间的关系。

以例7-1说明非匀速进展横道图比较法的步骤。

[**例7-1**]　某工程项目中的基槽开挖工作按施工进度计划安排需要7周完成，每周计划完成的任务量百分比如图7.7所示。

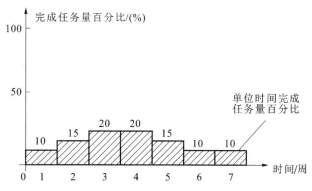

图7.7　基槽开挖按施工进度计划与每周完成任务量关系图

① 编制横道图进度计划，如图7.8所示。

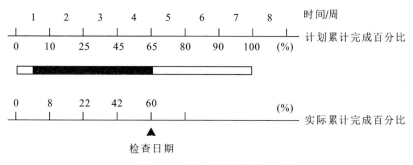

图7.8　非匀速进展横道图

② 在横道线上方标出基槽开挖工作每周计划累计完成任务量的百分比，分别为10%、25%、45%、65%、80%、90%和100%。

③ 在横道线下方标出第1周至检查日期（第4周）每周实际累计完成任务量的百分比，分别为8%、22%、42%、60%。

④ 用涂黑粗线标出实际投入的时间。图7.8表明，该工作实际开始时间晚于计划开始时间，在开始后连续工作，没有中断。

⑤ 比较实际进度与计划进度。从图7.7中可以看出，该工作在第一周实际进度比计划进度延后2%，以后各周末累计延后分别为3%、3%和5%。

工作进展速度是变化的，因此，图7.8中的横道线，无论是计划的还是实际的，只能表示工作的开始时间、完成时间和持续时间，并不表示计划完成的任务量和实际完成的任务量。此外，采用非匀速进展横道图比较法，不仅可以进行某一时刻（如检查日期）实际进度与计划进度的比较，而且还能进行某一时间段实际进度与计划进度的比较。当然，这需要实施部门按规定的时间记录当时的任务完成情况。

横道图比较法虽有记录和比较简单、形象直观、易于掌握、使用方便等优点，但其以横道计划为基础，因而带有不可避免的局限性。在横道计划中，各项工作之间的逻辑关系表达不明确，关键工作和关键线路无法确定。一旦某些工作实际进度出现偏差时，难以预测其对后续工作和工程总工期的影响，也就难以确定相应的进度计划调整方法。因此，横道图比较法主要用于工程项目中某些工作实际进度与计划进度的局部比较。

2. S 曲线比较法

S 曲线比较法是以横坐标表示时间，以纵坐标表示累计完成任务量，绘制一条按计划时间累计完成任务量的 S 曲线，然后将工程项目实施过程中各检查时间实际累计完成任务量的 S 曲线也绘制在同一坐标系中，进行实际进度与计划进度比较的一种方法。

从整个工程项目进展全过程来看，单位时间投入的资源量一般在开始和结束时较少，中间阶段较多，与其相对应，单位时间完成的任务量也呈现相同的变化规律，如图7.9（a）所示。而随工程进展累计完成的任务量则应呈 S 形变化，如图7.9（b）所示。

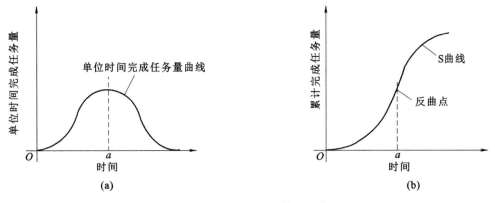

图 7.9   时间与完成任务的关系曲线

（1）S 曲线的绘制方法。

下面以例 7-2 说明 S 曲线的绘制方法。

[例 7-2]   某楼地面铺设工程量为 $10000 m^3$，按照施工方案，计划 9d 完成，每日计划完成的任务量曲线图如图 7.10 所示，试绘制楼地面铺设工程的 S 曲线。

解：根据已知条件可得

① 确定单位时间计划完成任务量。在本例中，将每月计划完成楼地面铺设工程量列于表 7.1 中。

② 计算不同时间累计完成的任务量。在本例中，依次计算每月计划累计完成的楼地面铺设工程量，结果列于表 7.1 中。

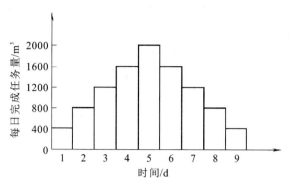

图 7.10　每日计划完成任务量曲线图

表 7.1　完成工程量汇总表

时间/月	1	2	3	4	5	6	7	8	9
每月完成量/m³	400	800	1200	1600	2000	1600	1200	800	400
累计完成量/m³	400	1200	2400	4000	6000	7600	8800	9600	10000

③ 根据累计完成任务量绘制 S 曲线。在本例中，根据每月计划累计完成楼地面铺设工程量而绘制的 S 曲线如图 7.11 所示。

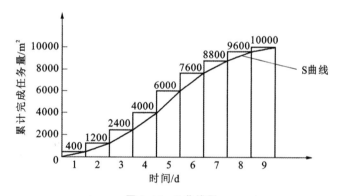

图 7.11　S 曲线图

(2) 实际进度与计划进度的比较。

同横道图比较法一样，S 曲线比较法也是在图上进行工程项目实际进度与计划进度的直观比较。在工程项目实施过程中，按照规定时间将检查收集的实际累计完成任务量绘制在原计划 S 曲线图上，即可得到实际进度 S 曲线，如图 7.12 所示。

通过比较实际进度 S 曲线和计划进度 S 曲线，可以获得如下信息。

① 工程项目实际进展状况。

如果工程实际进展点落在计划进度 S 曲线左侧，表明此时实际进度比计划进度超前，如图 7.12 中的 a 点；如果工程实际进展点落在计划进度 S 曲线右侧，表明此时实际进度延后，如图 7.12 中的 b 点；如果工程实际进展点正好落在计划进度 S 曲线上，则表示此时实际进度与计划进度一致。

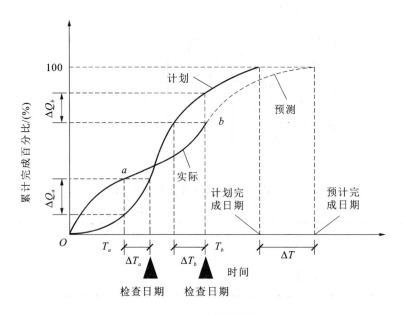

图 7.12　S 曲线比较图

② 工程项目实际进度超前或延后的时间。

在 S 曲线比较图中可以直接读出实际进度比计划进度超前或延后的时间。如图 7.12 所示，ΔT_a 表示 T_a 时刻实际进度超前的时间；ΔT_b 表示 T_b 时刻实际进度延后的时间。

③ 工程项目实际超前或延后的任务量。

在 S 曲线比较图中也可直接读出实际进度比计划进度超前或延后的任务量。如图 7.12 所示，ΔQ_a 表示 T_a 时刻超前完成的任务量，ΔQ_b 表示 T_b 时刻延后的任务量。

④ 后期工程进度预测。

如果后期工程按原计划速度进行，则可绘出后期工程计划 S 曲线，如图 7.12 中虚线所示，从而可以确定工期延后预测值 ΔT。

3. 香蕉曲线比较法

香蕉曲线是由两条 S 曲线组合而成的闭合曲线。由 S 曲线比较法可知，工程项目累计完成的任务量与计划时间的关系，可以用一条 S 曲线表示。对于一个工程项目的网络计划来说，以其中各项工作的最早开始时间安排进度而绘制的 S 曲线，称为 ES 曲线；以其中各项工作的最迟开始时间安排进度而绘制的 S 曲线，称为 LS 曲线。两条 S 曲线具有相同的起点和终点，因此，两条曲线是闭合的。在一般情况下，ES 曲线上的其余各点均落在 LS 曲线相应点的左侧。该闭合曲线形似"香蕉"，故称为香蕉曲线，如图 7.13 所示。

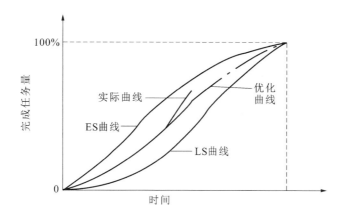

图 7.13 香蕉曲线比较图

（1）香蕉曲线比较法的作用。

香蕉曲线比较法能直观地反映工程项目的实际进展情况，并可以获得比 S 曲线更多的信息。其主要作用有以下三点。

① 合理安排工程项目进度计划。

如果工程项目中的各项工作均按其最早开始时间安排进度，将导致项目的投资加大；而如果各项工作都按其最迟开始时间安排进度，则一旦受到进度影响因素的干扰，又将导致工期延后，使工程进度风险加大。因此，一个科学合理的进度计划优化曲线应处于香蕉曲线所包围的区域之内，如图 7.13 中的点画线所示。

② 定期比较工程项目的实际进度与计划进度。

在工程项目的实施过程中，根据每次检查收集到的实际完成任务量，绘制实际进度 S 曲线，便可以与计划进度进行比较。工程项目实施进度的理想状态是任一时刻工程实际进展点应落在香蕉曲线图的范围之内。如果工程实际进展点落在 ES 曲线的左侧，表明此刻实际进度比各项工作按其最早开始时间安排的计划进度超前；如果工程实际进展点落在 LS 曲线的右侧，则表明此刻实际进度比各项工作按其最迟开始时间安排的计划进度延后。

③ 预测后期工程进展趋势。

利用香蕉曲线可以对后期工程的进展情况进行预测。例如在图 7.14 中，在检查日该工程项目实际进度超前，检查日期之后的工程进度安排如图 7.14 中虚线所示，预计该工程项目将提前完成。

（2）香蕉曲线的绘制方法。

香蕉曲线的绘制方法与 S 曲线的绘制方法基本相同，其不同之处在于香蕉曲线是以工作按最早开始时间安排进度和按最迟开始时间安排进度分别绘制的两条 S 曲线组合而成的。

在工程项目实施过程中，根据检查得到的实际累计完成任务量，在原计划香蕉曲线图上绘出实际进度曲线，便可以进行实际进度与计划进度的比较。

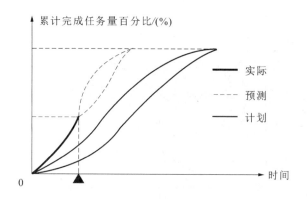

图 7.14　工程进展趋势预测图

[**例 7-3**]　某工程项目网络计划如图 7.15 所示，图中箭线上方括号内数字表示各项工作计划完成的任务量，以劳动消耗量表示；箭线下方数字表示各项工作的持续时间（周）。试绘制该工程项目的香蕉曲线。

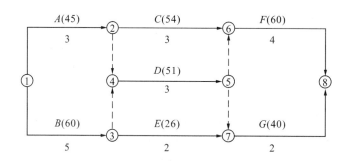

图 7.15　某工程项目网络计划

解：假设各项目工作都以匀速进展，即各项工作每周的劳动消耗量相等。

（1）确定各项工作每周的劳动消耗量：

工作 A：$45 \div 3 = 15$　　　　　　　工作 B：$60 \div 5 = 12$

工作 C：$54 \div 3 = 18$　　　　　　　工作 D：$51 \div 3 = 17$

工作 E：$26 \div 2 = 13$　　　　　　　工作 F：$60 \div 4 = 15$

工作 G：$40 \div 2 = 20$

（2）计算工程项目劳动消耗总量：

$$Q = 45 + 60 + 54 + 51 + 26 + 60 + 40 = 336$$

（3）根据各项工作按最早开始时间安排的进度计划，确定工程项目每周计划劳动消耗量及各周累计劳动消耗量，如图 7.16 所示。

（4）根据各项工作按最迟开始时间安排的进度计划，确定工程项目每周计划劳动消耗量及各周累计劳动消耗量，如图 7.17 所示。

（5）根据不同的累计劳动消耗量分别绘制 ES 曲线和 LS 曲线，便得到香蕉曲线，如图 7.18 所示。

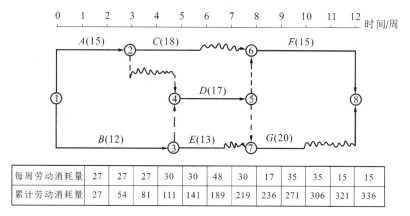

每周劳动消耗量	27	27	27	30	30	48	30	17	35	35	15	15
累计劳动消耗量	27	54	81	111	141	189	219	236	271	306	321	336

图 7.16　按工作最早开始时间安排的进度计划及劳动消耗量

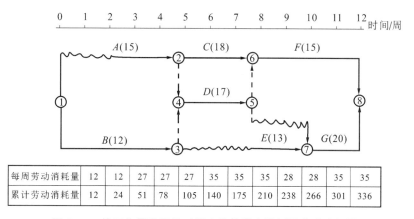

每周劳动消耗量	12	12	27	27	27	35	35	35	28	28	35	35
累计劳动消耗量	12	24	51	78	105	140	175	210	238	266	301	336

图 7.17　按工作最迟开始时间安排的进度计划及劳动消耗量

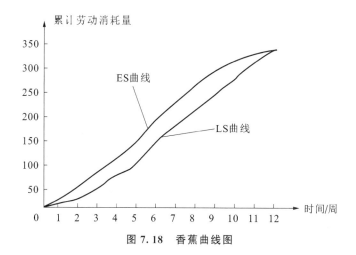

图 7.18　香蕉曲线图

4. 前锋线比较法

前锋线是指在原时标网络计划上，从检查时刻的时标点出发，依次将各项工作实际进展位置点连接而成的折线。前锋线比较法是通过绘制某检查时刻工程项目实际进度前锋线，进行工程实际进度与计划进度比较的方法。它主要适用于时标网络计划。前锋线比较法就是通过实际进度前锋线与原进度计划中各工作箭线交点的位置来判断工作实际进度与计划进度的偏差，进而判定该偏差对后续工作及总工期影响程度的一种方法。

采用前锋线比较法进行实际进度与计划进度的比较，其步骤如下。

（1）绘制时标网络计划图。

工程项目实际进度前锋线是在时标网络计划图上标示，为清楚起见，可在时标网络计划图的上方和下方各设一个时间坐标。

（2）绘制实际进度前锋线。

一般从时标网络计划图上方时间坐标的检查日期开始绘制，依次连接相邻工作的实际进展位置点，最后与时标网络计划图下方坐标的检查日期相连接。

工作实际进展位置点的标定方法有两种。

① 按该工作已完任务量比例进行标定。

假设工程项目中各项工作均为匀速进展，根据实际进度检查时刻该工作已完任务量占其计划完成总任务量的比例，在工作箭线上从左至右按相同的比例标定其实际进展位置点。

② 按尚需作业时间进行标定。

当某些工作的持续时间难以按实物工程量来计算而只能凭经验估算时，可以先估算出检查时刻到该工作全部完成尚需作业的时间，然后在该工作箭线上从右向左逆向标定其实际进展位置点。

（3）进行实际进度与计划进度的比较。

前锋线可以直观地反映检查日期有关工作实际进度与计划进度之间的关系。对某项工作来说，其实际进度与计划进度之间的关系可能存在以下情况。

a. 工作实际进展位置点落在检查日期的左侧（右侧），表明该工作实际进度延后（超前），延后（超前）的时间为二者之差。

b. 工作实际进展位置点与检查日期重合，表明该工作实际进度与计划进度一致。

（4）预测进度偏差对后续工作及总工期的影响。

通过实际进度与计划进度的比较确定进度偏差后，还可根据工作的自由时差和总时差预测该进度偏差对后续工作及项目总工期的影响。由此可见，前锋线比较法既适用于工作实际进度与计划进度之间的局部比较，又可用来分析和预测工程项目整体进度状况。

值得注意的是，以上比较是针对匀速进展的工作。对于非匀速进展的工作，比较方法较复杂，此处不赘述。

[例 7-4] 某工程项目时标网络计划如图 7.19 所示。该计划执行到第 6 周末检查实际进度时，发现工作 A 和 B 已经全部完成，工作 D 和 E 分别完成计划任务量的 20%

和 50%，工作 C 尚需 3 周完成，试用前锋线法进行实际进度与计划进度的比较。

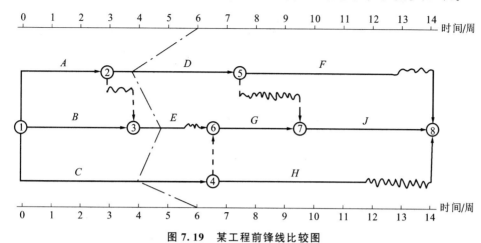

图 7.19　某工程前锋线比较图

解：根据第 6 周末实际进度的检查结果绘制前锋线，如图 7.19 中点画线所示。通过比较可以得到以下结论。

（1）工作 D 实际进度延后 2 周，将使其后续工作 F 的最早开始时间推迟 2 周，并使总工期延后 1 周。

（2）工作 E 实际进度延后 1 周，既不影响总工期，也不影响其后续工作的正常进行。

（3）工作 C 实际进度延后 2 周，将使其后续工作 G、H、J 的最早开始时间推迟 2 周。工作 G、J 开始时间的推迟，使总工期延后 2 周。

综上所述，如果不采取措施加快进度，该工程项目的总工期将延后 2 周。

5. 列表比较法

当工程进度计划用非时标网络图表示时，可以采用列表比较法进行实际进度与计划进度的比较。这种方法是记录检查日期应该进行的工作名称及其已经作业的时间，然后列表计算有关时间参数，并根据工作总时差进行实际进度与计划进度比较的方法。

采用列表比较法进行实际进度与计划进度的比较，其步骤如下。

（1）对于实际进度检查日期应该进行的工作，根据已经作业的时间，确定其尚需作业时间。

（2）根据原进度计划计算检查日期应该进行的工作从检查日期到原计划最迟完成时间的尚余时间。

（3）计算工作尚有总时差，其值等于工作从检查日期到原计划最迟完成时间尚余时间与该工作尚需作业时间之差。

（4）比较实际进度与计划进度，可能有以下几种情况。

① 如果工作尚有总时差与原有总时差相等，说明该工作实际进度与计划进度一致。

② 如果工作尚有总时差大于原有总时差，说明该工作实际进度超前，超前的时间为二者之差。

③ 如果工作尚有总时差小于原有总时差，且仍为非负值，说明该工作实际进度延后，延后的时间为二者之差，但不影响总工期。

④ 如果工作尚有总时差小于原有总时差，且为负值，说明该工作实际进度延后，延后的时间为二者之差，此时工作实际进度偏差将影响总工期。

[例 7-5]　某工程项目进度计划如图 7.19 所示。该计划执行到第 10 周末检查实际进度时，发现工作 A、B、C、D、E 已经全部完成，工作 F 已进行 1 周，工作 G 和工作 H 均已进行 2 周，试用列表比较法进行实际进度与计划进度的比较。

解：根据工程项目进度计划及实际进度检查结果，可以计算出检查日期应进行工作的尚需作业时间、原有总时差及尚余总时差等，计算结果见表 7.2。通过比较尚有总时差和原有总时差，即可判断目前工程实际进展状况。

表 7.2　工程进度检查比较表

工作代号	工作名称	检查计划时间尚需作业/周	到计划最迟完成时尚余/周	原有总时差/周	尚余总时差/周	情况判断
5—8	F	4	4	1	0	延后 1 周，但不影响工期
6—7	G	1	0	0	−1	延后 1 周，影响工期 1 周
4—8	H	3	4	2	1	延后 1 周，但不影响工期

7.2.7　施工进度计划的控制措施

施工进度计划的控制措施包括组织措施、经济措施、技术措施和管理措施，其中最重要的措施是组织措施，最有效的措施是经济措施。施工进度计划的控制措施具体内容见 6.2.4 节。

7.2.8　进度计划实施中的调整方法

1. 分析进度偏差对后续工作及总工期的影响

在工程项目实施过程中，当通过实际进度与计划进度的比较，发现有进度偏差时，需要分析该偏差对后续工作及总工期的影响，从而采取相应的调整措施对原进度计划进行调整，以确保工期目标的顺利实施。进度偏差的大小及其所处位置的不同，对后续工作和总工期的影响程度是不同的，分析时需要利用网络计划中工作总时差和自由时差的概念进行判断。分析步骤如下。

（1）分析出现进度偏差的工作是否为关键工作。如果出现进度偏差的工作位于关键线路上，即该工作为关键工作，则无论其偏差有多大，都会对后续工作和总工期产生影响，必须采取相应的调整措施；如果出现偏差的工作是非关键工作，则需要根据进度偏差值与总时差和自由时差的关系进一步分析。

（2）分析进度偏差是否超过总时差。如果工作的进度偏差大于该工作的总时差，则此进度偏差必将影响其后续工作和总工期，必须采取相应的调整措施；如果工作的进度偏差未超过该工作的总时差，则此进度偏差不影响总工期，至于对后续工作的影响程度，还需要根据偏差值与其自由时差的关系进一步分析。

（3）分析进度偏差是否超过自由时差。如果工作的进度偏差大于该工作的自由时差，则此进度偏差将对其后续工作产生影响，此时应根据后续工作的限制条件确定调整方法；如果工作的进度偏差未超过该工作的自由时差，则此进度偏差不影响后续工作，因此原进度计划可以不做调整。

进度偏差的分析判断过程如图 7.20 所示，通过分析，进度控制人员可以根据进度偏差的影响程度，制订相应的纠偏措施进行调整，以获得符合实际进度情况和计划的新进度计划。

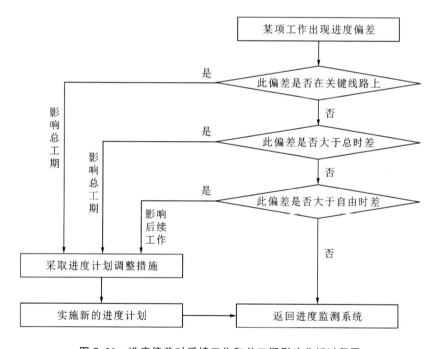

图 7.20　进度偏差对后续工作和总工期影响分析过程图

2. 进度计划的调整方法

当实际进度偏差影响到后续工作、总工期而需要调整进度计划时，其调整方法主要有两种。

（1）改变某些工作间的逻辑关系。

当工程项目实施中产生的进度偏差影响到总工期，且有关工作的逻辑关系允许改变时，可以改变关键线路和超过计划工期的非关键线路上的有关工作之间的逻辑关系，达到缩短工期的目的。例如，将顺序进行的工作改为平行作业、搭接作业以及分段组织流水作业等，都可以有效地缩短工期。

［例7-6］ 某工程项目基础工程包括挖基槽、做垫层、砌基础、回填土4个施工过程，各施工过程的持续时间分别为21天、15天、18天和9天，如果采取顺序作业方式进行施工，则其总工期为63天。为缩短该基础工程总工期，在工作面及资源供应允许的条件下，将基础工程划分为工程量大致相等的3个施工段组织流水作业，试绘制该基础工程流水作业网络计划，并确定其计算工期。

解：该基础工程流水作业网络计划如图7.21所示。组织流水作业使得该基础工程的计算工期由63天缩短为35天。

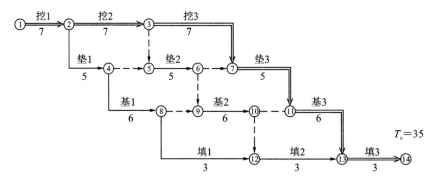

图7.21　某基础工程流水施工网络计划

（2）缩短某些工作的持续时间。

这种方法是不改变工程项目中各项工作之间的逻辑关系，而通过采取措施来缩短某些工作的持续时间，以保证按计划工期完成该工程项目。这些被压缩持续时间的工作是位于关键线路和超过计划工期的非关键线路上的工作。同时，这些工作又是其持续时间可被压缩的工作。这种调整方法通常可以在网络图上直接进行。其调整方法视限制条件及对其后续工作的影响程度的不同而有所区别，一般可分为以下三种情况。

① 网络计划中某项工作进度拖延的时间已超过其自由时差但未超过其总时差。

如前所述，此时该工作的实际进度不会影响总工期，而只对其后续工作产生影响。因此，在进行调整前，需要确定其后续工作允许拖延的时间限制，并以此作为进度调整的限制条件。该限制条件的确定常常较复杂，尤其是当后续工作由多个平行的承包单位负责实施时更是如此。后续工作如不能按原计划进行，在时间上产生的任何变化都可能使合同不能正常履行，而导致遭受损失的一方提出索赔。因此，必须寻求合理的调整方案，把进度延后对后续工作的影响减少到最小。

[例7-7] 某工程项目双代号时标网络计划如图7.22所示，该计划执行到第35天下班时刻检查时，其实际进度如图中前锋线所示。试分析目前实际进度对后续工作和总工期的影响，并提出相应的进度调整措施。

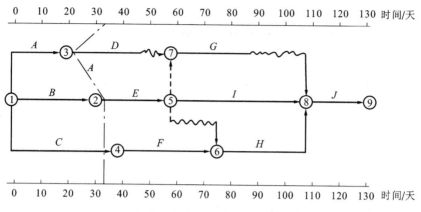

图7.22 某工程项目时标网络计划

解： 从图7.22中可以看出，目前只有工作 D 的开始时间延后15天，而影响其后续工作 G 的最早开始时间，其他工作的实际进度均正常。工作 D 的总时差为30天，故此时工作 D 的实际进度不影响总工期。

该进度计划是否需要调整，取决于工作 D 和 G 的限制条件。

a. 后续工作延后的时间无限制。

如果后续工作延后的时间完全被允许，可将延后的时间参数代入原计划，并化简网络图（即去掉已执行部分，以进度检查日期为起点，将实际数据代入，绘制未实施部分的进度计划），即可得调整方案。在本例中，以检查时刻第35天为起点，将工作 D 的实际进度数据及工作 G 延后的时间参数代入原计划（此时工作 D、G 的开始时间分别为35天和65天），可得如图7.23的调整方案。

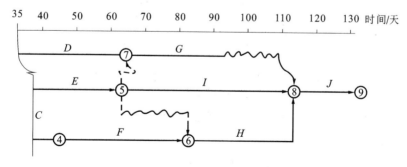

图7.23 后续工作拖延的时间无限制时网络进度计划

b. 后续工作延后的时间有限制。

如果后续工作不允许延后或延后的时间有限制，需要根据限制条件对网络计划进行调整，寻求最优方案。在本例中，如果工作 G 的开始时间不允许超过第60天，则只能将其紧前工作 D 的持续时间压缩为25天，调整后的网络计划如图7.24所示。

如果在工作 D、G 之间还有多项工作，则可以利用工期优化的原理确定应压缩的工作，得到满足工作 G 限制条件的最优调整方案。

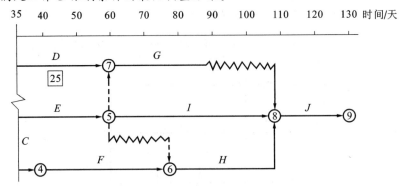

图 7.24 后续工作拖延时间有限制时的网络计划

② 网络计划中某项工作进度拖延的时间超过其总时差。

如果网络计划中某项工作进度拖延的时间超过其总时差，则无论该工作是否为关键工作，其实际进度都将对后续工作和总工期产生影响。此时，进度计划的调整方法又可分为以下三种情况。

a. 项目总工期不允许延后。

如果工程项目必须按照原计划工期完成，则只能采取缩短关键线路上后续工作持续时间的方法来调整计划。

[例 7-8] 仍以图 7.22 网络计划为例，如果在计划执行到第 40 天下班时刻检查时，其实际进度如图 7.25 中前锋线所示，试分析目前实际进度对后续工作和总工期的影响，并提出相应的进度调整措施。

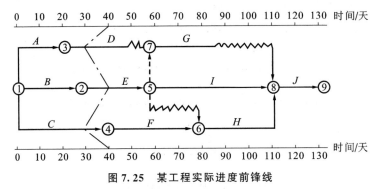

图 7.25 某工程实际进度前锋线

解：从图 7.25 中可以看出：

① 工作 D 实际进度延后 10 天，但不影响其后续工作，也不影响总工期；

② 工作 E 实际进度正常，既不影响后续工作，也不影响总工期；

③ 工作 C 实际进度拖后 10 天，由于其为关键工作，其实际进度将使总工期延后 10 天，并使其后续工作 F、H 和 J 的开始时间延后 10 天。

如果该工程项目总工期不允许拖延，则为了保证其按原计划工期 130 天完成，必须采用工期优化的方法，缩短关键线路上后续工作的持续时间。现假设工作 C 的后续工作 F、H 和 J 均可以压缩 10 天，通过比较，压缩工作 H 的持续时间所需付出的代价最小，故将工作 H 的持续时间由 30 天缩短为 20 天。调整后的网络计划如图 7.26 所示。

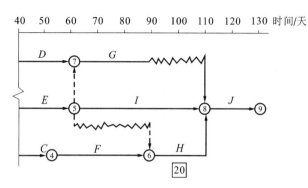

图 7.26 调整后工期不拖延的网络计划

b. 项目总工期允许延后。

如果项目总工期允许延后，则只需以实际数据取代原计划数据，并重新绘制实际进度检查日期之后的简化网络计划即可。

c. 项目总工期允许延后的时间有限。

如果项目总工期允许延后，但允许延后的时间有限，则当实际进度延后的时间超过此限制时，也需要对网络计划进行调整，以便满足要求。

具体的调整方法是以总工期的限制时间作为规定工期，对检查日期之后尚未实施的网络计划进行工期优化，即采用缩短关键线路上后续工作持续时间的方法来使总工期满足规定工期的要求。

以上三种情况均是以总工期为限制条件调整进度计划的。值得注意的是，当某项工作实际进度延后的时间超过其总时差而需要对进度计划进行调整时，除需考虑总工期的限制条件外，还应考虑网络计划中后续工作的限制条件，特别是对总进度计划的控制更应注意这一点。因为在这类网络计划中，后续工作也许就是一些独立的合同段，时间上的任何变化都会带来协调上的麻烦或者引起索赔。因此，当网络计划中某些后续工作对时间的拖延有限制时，同样需要以此为条件，按前述方法进行调整。

③ 网络计划中某项工作进度超前。

对建设工程实施进度控制的任务就是在工程进度计划的执行过程中，采取必要的组织协调措施和控制措施，以保证建设工程按期完成。在建设工程计划阶段所确定的工期目标，往往是综合考虑了各方面因素而确定的合理工期。因此，时间上的任何变化，无论是进度延后还是超前，都可能造成劳动保险目标的失控。例如，在一个建设工程施工总进度计划中，由于某项工作的进度超前，致使资源的需求发生变化，而打乱了原计划对人力、财力、物力等资源的合理安排，亦将影响资金计划的使用和安排，特别是当多个平行的承包单位进行施工时。因此，如果建设工程实施过程中出现进度超前的情况，进度控制人员必须综合分析进度超前对后续工作生产的影响，并与承包单位协调，提出合理的进度调整方案，以确保工期总目标的顺利实现。

习　题

1. 简述施工组织设计的编制依据。
2. 简述施工组织设计的编制内容。
3. 简述施工项目进度计划的表示方法。
4. 建设工程实际进度与计划进度的比较方法有哪些？各有哪些特点？
5. 通过比较实际进度 S 曲线和计划进度 S 曲线，可以获得哪些信息？
6. 施工进度计划的控制措施有哪些方面？各方面主要内容有哪些？
7. 如何分析进度偏差对后续工作及总工期的影响？
8. 进度计划的调整方法有哪些？

8 信息化技术在施工组织中的应用

目前信息化技术越来越多地应用到施工组织中，应用的比较广泛的有 Project 和 BIM 技术。本书介绍微软公司开发的 Project 2016，从项目的资源、成本、进度管理等方面进行讲述。

8.1 Project 2016 简介

Project 2016 主要功能有管理项目资源、管理项目成本、管理项目进度、跟踪任务路径、与工作组沟通功能、共享会议功能、云中保护和共享文件功能、日程表功能、控制资源调度、使用"操作说明搜索"快速执行。

8.2 管理项目资源

项目资源是项目的重要组成部分，用于完成项目任务的设备、材料、人员都属于项目资源。项目管理者可以通过项目资源来监督与控制项目中的使用费用。通过对项目调配管理，确保项目的顺利完成，可以有效、合理地安排资源的使用、分配、管理方案，组织项目资源。

8.2.1 项目资源概述

1. 资源的工作方式

资源只有分配给任务后才能发挥作用，当资源分配给任务后，任务的工期会根据资源情况自动调整。另外，系统会自动增加项目的成本。但是，当为任务使用更多的资源，从而促使项目可以在短期内完成时，项目的成本会因为工期的缩短而减少。缩短项目的工期可安排更多的任务，或因缩短工期而获得的奖金，可以弥补项目中使用更多资源而带来的成本。资源分配可达到以下目的：跟踪任务、确定资源的可用性、确定任务成本。

2. 资源与日程安排

当为任务设置"固定工期"类型时，Project 2016 在计算工期时会忽略任务中的资源，根据每项任务的工期计算项目日程。但是当为任务分配资源后，资源的可用性会直接影响项目的工期。另外，由于一项资源可分配给多个任务，所以资源的可用性还依赖于分配该资源的其他任务。

当将一项资源分配给多个任务时，该资源的工时会超出使用时间，系统会显示分配给该任务的资源被过度分配。用户需要调整资源，解决过度分配的问题。

3. 资源的规划

资源就是完成项目所需要的人力、物资、设备、资金等，它是推动项目的原动力。没有资源，有关项目活动都无法进行。因此在规划项目之前，首先要考虑如何获得资源，并且要善于规划，有效运用，充分发挥资源的效能。

4. 资源分配的步骤

（1）估计资源需求。

（2）成立项目组。

（3）在项目间共享资源。

（4）给任务分配资源。

8.2.2　创建项目资源

任何一个项目都会使用资源。项目中的有些资源是现成的，有些需要临时调用，有些资源是全职或专用的，有些资源是兼职或与别的项目共用的。资源的可用性和规划将会影响到整个项目的工期，因此，在进行资源管理之前，首先应创建一个可供使用的资源库，把需要的基本资源信息输入进去，然后分配给每个任务。

8.2.3　设置资源信息

1. 设置资源的可用性

资源可用性表示资源何时以及有多少时间可安排给所分配的工作。可用性由下列因素决定：项目日历和资源日历、资源的开始日期和完成日期、资源可用于工作的程度。在 Project 2016 中可用资源的"最大单位"来标识资源的可用性。最大单位是指一个资源可用于任何任务的最大百分比或单位数量。表示资源可用于工作的最大能力，根据资源的投入情况，可将资源的最大值设置为 100％、75％等。在给任务分配资源时，Project 根据资源的可用性自动计算任务的进度。

2. 设置资源的预定类型

预定类型用于指定资源是提交的资源还是建议的资源。

3. 资源的可用性

资源的可用性是某个资源在选定时间段上用于完成任何任务的最大工时量，主要用于显示不同时间段上工时可用性的变化。

4. 设置资源日历

为项目设置资源后，在项目日历中定义的工作时间和休息日是每个资源的默认工作时间和休息日。当个别资源需要按完全不同的流程工作，或者需要说明假期或设备停工期时，可以修改个别的资源日历。此外，如果几个资源具有相同的工作时间和非工作时间，可为它们创建一个共同的日历，以提高工作效率。

8.2.4 设置资源费率

在创建项目资源之后，还需要通过设置资源费率的方法来显示项目成本。一般情况下，可为项目资源设置单个或多个资源费率。

1. 设置单个资源费率

单个资源费率是为资源设置一个资源费率。在"资源工作表"中，直接输入工时资源与材料资源的标准费率或加班费率。

2. 设置不同的时间费率

不同时间的资源费率是通过 Project 2016 内置的资源费率表，为资源设置不同时间段的费率值。

3. 设置多个资源费率

设置多个资源费率是在成本费率表中设置不同的资源费率。

8.2.5 分配与调整资源

定义资源信息后，就可以为项目中的任务分配资源了。合理地分配资源是顺利完成任务的重要因素之一。

（1）使用"甘特图"分配资源。

（2）使用"任务信息"对话框分配资源。

（3）使用"分配资源"对话框分配资源。

（4）资源调整。

资源分配之后，还需要进行调整，调整资源是根据资源的具体情况设置资源成本费率、推迟资源的工作时间，以及设置分布曲线等操作。

8.2.6 管理资源

（1）对资源进行排序。

（2）对资源进行筛选。

8.2.7 资源过度分配

（1）了解资源过度分配：资源过度分配是项目管理中易发生的问题，分配比可用资源更多的资源会导致资源过度分配，Project 会在"资源工作表"视图中显示该资源为红色。

（2）解决资源过度分配：可以通过添加资源、替换资源来解决资源的过度分配，当一个资源过度分配但有另一个资源也可以用作这项任务的可用资源时，可以用该资源替换原资源，也可以为资源安排加班时间、调配资源、手动调配。

8.3 项目成本管理

8.3.1 成本管理过程

成本管理过程主要包括资源规划、成本估算、成本预算与成本控制 4 个过程。

8.3.2 设置项目成本

项目成本按照项目元素可划分为资源成本和固定成本两类。

（1）设置资源费率：在"资源工作表"视图中，直接输入资源标准费率或加班费率；需要给资源分配多个费率时，可在"成本"选型卡的"成本费率表"设置其他资源费率。

（2）设置固定成本。

（3）设置实际成本：任务类实际成本＝实际工时×标准费率＋实际加班工时×加班费率＋资源每次使用成本＋任务固定成本；资源类实际成本＝实际工时×标准费率＋实际加班工时×加班费率＋每次使用成本。Project 2016 可以根据任务的完成百分比与实际完成百分比值，自动显示任务与资源的实际成本，输入任务的完成百分比，并更改任务的实际成本值。

（4）设置预算成本：在"资源工作表"视图中创建一个新资源，在"甘特图"视图中将预算成本分配给项目的任务。

8.3.3 查看项目成本

在项目实施过程中，要随时查看项目成本，以防止成本超过预算。Project 2016 可以使用"项目统计"或"成本表"进行查看。

8.3.4 分析与调整项目成本

（1）查找超出预算的成本：Project 2016 提供了"成本超过预算"筛选器，使用该工具可以快速查找超出成本的任务或工作分配。

（2）当成本超过预算时，可通过调整工时资源的工时、调整材料资源的成本来调整项目成本。

8.3.5 查看分析表

Project 2016 提供了挣值功能，根据项目状态日期，通过执行工时成本来评估项目进度，自动评估项目是否超过预算，从而达到分析项目财务进度的目的。

8.4 管理项目进度

8.4.1 设置跟踪方式

在开始跟踪进度之前，需要根据项目计划设置项目的基线与中期计划，以便与最新的实际信息进行比较，根据比较结果调整计划与实际信息之间的差异。

（1）设置基线的方法：保存基线、更新基线。

（2）设置中期计划：对部分项目设置基线计划后，在开始更新日程时，需要定期设置中期计划，用来保存项目中的开始与完成时间，从而方便跟踪项目的进度。

8.4.2 更新项目

项目建立了基线后，为了进一步跟踪项目进度情况，需要不断地更新项目的日程。

1．更新整个项目

项目更新是以项目当前的实际数据为依据的，Project 2016 提供了两种方式确定每个任务完成的百分比。

2．更新任务

更新任务包括更新任务实际开始时间和完成时间、已完成任务的百分比、实际工期和剩余工期等。

3．更新资源信息

在保存项目计划工作时，通常已对资源进行了设置。如果项目计划发生了改变，需要对资源信息进行更新，如资源的实际工时、剩余工时等。

4. 施工项目进度线

项目进度线是反映进度状况的一条状态线，它是根据设定的日期构造的一条直线。此线与每个任务的进度相连，主要用来跟踪项目的进度情况。当任务进度落后时，任务完成的进展线的重点将显示在进度线的左边；当任务进度超前时，任务完成的进展线的重点将显示在进度线的右边。

8.4.3　跟踪项目

在 Project 2016 中，日程中的任何一项任务的延迟都会造成项目成本的增加及项目资源的不可用，所以为了确保项目能按照规划顺利完工，需要时刻关注项目的日程。关注项目日程最好的办法，便是利用 Project 2016 中的视图、表以及项目统计对话框等方法，来查看、监视项目日程中的具体情况。

8.4.4　查看项目进度

查看项目进度可以了解项目的进展情况，了解是否有任务未完成，了解项目实际运行情况与计划的差异等，根据这些情况来调整任务，保证项目的顺利完成。

在 Project 2016 中可以使用"任务窗体"视图来查看项目的单位信息；在项目实施中，有些任务与前面任务并没太大的相关性，在有多余资源的情况下，可以适当提前某些任务，节省时间，为了保证按计划完成任务，可以延迟一些相关性不大的任务。在 Project 2016 中可以查看允许时差，可以找到能够提前或延期的任务；除了可以通过"差异"查看项目的进度差异外，用户还可以用"工时"表来查看项目的日程差异。

8.4.5　监视项目

在项目实施过程中，经常会因为一些小问题或突发问题导致项目无法按照计划进行，此时可以运用 Project 中的分组、筛选、进度线等功能，来监视项目的进度情况，从而可以保证项目根据预计的范围、日程以及预算顺利进行。

8.4.6　优化日程

在复杂多样的项目中，对基本的日程安排进行初步设置后，在某些方面不可避免地存在错误以及时间安排上的不足，因此，需要根据实际情况优化日程，使日程安排更加合理有效。

新的工时资源分配给任务或从任务中删除工时资源时，Project 将根据为任务分配的资源数量延长或缩短任务工期，但不会更改任务的总工时。这种日程安排称为投入比导向日程控制方法，它是 Project 2016 用于多个资源分配的默认日程排定方式。通过更改默认的投入比导向日程控制方法可以更改 Project 2016 排定日程的方式。

若项目日程超出了项目计划，必须缩短后期任务的工期，从而保证项目按时完成。缩短工期可以通过安排加班、延长工作时间等来实现。

　　当延迟一些关键任务，将直接影响项目的完成时间时，可以通过缩短项目关键路径的方法来优化日程。当项目日程安排出现问题后，可通过缩短关键任务的工期，在缩短施工时间的同时降低项目费用。一般情况下，可通过减少关键任务的工期和重叠关键任务两种方法，解决日程安排问题。

施工组织设计实例

参 考 文 献

［1］中华人民共和国住房和城乡建设部．建筑工程施工组织设计规范（GB/T 50502—
　　2009）［S］．北京：中国建筑工业出版社，2009.

［2］全国二级建造师职业资格考试用书编写委员会．建筑工程管理与实务［M］．北京：
　　中国建筑工业出版社，2017.

［3］中华人民共和国住房和城乡建设部．建设工程项目管理规范（GB/T 50326—2017）
　　［S］．北京：中国建筑工业出版社，2017.

［4］程玉兰．建筑施工组织［M］．哈尔滨：哈尔滨工业大学出版社，2012.

［5］危道军．建筑施工组织［M］．4版．北京：中国建筑工业出版社，2017.

［6］全国一级建造师执业资格考试用书编写委员会．建设工程项目管理［M］．北京：
　　中国建筑工业出版社，2019.

［7］罗中．建设工程项目管理［M］．北京：教育科学出版社，2015.

［8］中华人民共和国住房和城乡建设部．建筑工程施工质量验收统一标准（GB 50300—
　　2013）［S］．北京：中国建筑工业出版社，2014.

［9］中华人民共和国住房和城乡建设部．建筑工程施工质量评价标准（GB/T 50375—
　　2016）［S］．北京：中国建筑工业出版社，2017.